우리는 지식재산 허브로 간다

"아시아의 지식재산 리더를 꿈꾸다"

우리는 지식재산 허브로 간다

“아시아의 지식재산 리더를 꿈꾸다”

국회 세계특허(IP)허브국가 추진위원회
KAIST 문술미래전략대학원 미래전략연구센터

대표저자 문예원

동연

"그 날은 멀지 않습니다"

『우리는 지식재산 허브로 간다』 발간에 부쳐

최근 우리는 미중무역전쟁에 휘둘리고
일본의 경제도발에 흔들렸습니다.
남북 및 북미관계에서 희망과 절망의 시소도 탔습니다.
보다 절실하게 미래전략을 생각하게 하는,
이전에 없던 새로운 경험들이었습니다.

3년 전 '지식재산 허브'에 이은 이번 책은
우리 앞에 닥쳤던 중요 사건들을 지식재산의 관점으로 바라보며
미래를 준비하는 가장 좋은 전략은
탄탄한 지식재산으로 무장하는 것임을 확인하게 했습니다.
'아시아 지식재산 협력체'라는 중요한 아젠다를 제시함으로써
KAIST가 미래전략의 핵심으로 삼은
"아시아 평화중심 창조국가"에도 한 발짝 다가가고자 합니다.

세계 특허(IP)허브–.
우리는 2013년에 그 중심국가가 되겠다는 꿈을 꾸며 모였습니다.
그 사이 기대 이상으로 많은 것을 이루었습니다.

앞으로도 그러하리라 믿습니다.
지식재산 역량이 강화된 한국을 중심으로
아시아가 힘을 모아 세계 속에 부상하게 될 것입니다.
남북이 지식재산으로 협력하며 놀라운 변화를 만들어갈 것입니다.
멀지 않았습니다.

그 준비를 위해 오늘 우리에겐 머뭇거릴 시간이 없습니다.
매일 파괴적 상상으로 미래를 창조하고,
매일 지식재산 허브로 가는 길을 닦고 기름쳐야 합니다.
지식재산 허브가 되는 날은 멀지 않습니다.

2020년 5월

국회 세계특허(IP)허브국가 추진위원회 공동대표 이 상 민
서 병 수
이 광 형

CONTENTS

발간사
"그 날은 멀지 않습니다"
『우리는 지식재산 허브로 간다』 발간에 부쳐 4

PROLOGUE 8

Part 1
역사상 최초의 국가간 지식재산 전쟁이 시작됐다 10

지식재산의 "가치"를 알려면 미중무역분쟁을 보라

1. 어떤 백서 : 긴 전쟁을 암시하는 예고편 14
2. 패권전쟁의 열쇠는 지식재산
뇌관은 중국의 미래설계도 〈중국제조 2025〉 17
3. 핫한 갈등, 5G와 AI 18
4. 격화된 고지전, 화웨이 전투 24
5. 중국의 모든 카드? 시진핑이 미국을 오판했다 26
6. 그런데도 시진핑이 합의서 초안을 붉게 고쳐
화웨이 전투를 부른 까닭은 27
7. 중국을 G2로 키운 것은 미국이건만 28
8. 깊게 엮인 글로벌밸류체인
세계경제 침체의 그늘이 짙어진다 29
9. 화웨이를 향한 더 많은 족쇄들은 지식재산
패권전쟁을 어디로 데려갈 것인가 30
10. 런정페이의 의미심장한 이야기
'영웅은 자고로 많은 고난을 겪는다' 32
11. 우리에게 지식재산은 생존이고 평화다 33

Part 2
지식재산 빅뱅시대 34

1. 인류 진보의 방아쇠, 지식재산 36
2. 미국 특허청에 배달된 1,093개의 상자 40
3. 지식재산을 존중하는 나라,
인류를 진보시키며 패권을 손에 넣었다 42
4. 중국
"침해자는 가산을 탕진할 정도로 처벌하라" 44
5. 지식재산을 뛰어넘은 지식재산 전략
일본은 절박하다 50

Part 3
대한민국, 경계에 선 지식재산 강국 56

1. 많이 만들어 놓고 쓰지 못하는 나라 58
2. 문제는 "보호"다 62
3. 빠른 심사보다 정확한 심사
"이제는 심사관이다" 66
4. 4차 산업혁명시대,
지식재산 보호가 더 절실해진 3가지 이유 68
5. 대한민국 지식재산의 지형도를 바꾸는
중요한 결실들 72
6. "징벌적 배상제"는 왜 그토록 중요할까 77
7. "징벌적 배상제"는 진정한 해결사인가 78
8. 무한팽창하는 한국의 〈콘텐츠 지식재산〉
파란불과 빨간불이 동시에 켜졌다 82

Part 4

일본의 경제 도발이 한국을 깨웠다 90

일본의 '특허' 자신감으로 시작되어 특허라는 교훈을 남긴 사건, 2019 일본의 경제도발

1. 경고음은 30년 전부터 울렸다 94
2. 왜 우리는 가마우지 경제에서 벗어나지 못했을까 95
3. 일본은 무슨 생각으로 도발했을까 96
4. 무너지면서 세운 일본의 생존전략 97
5. 일본의 블랙박스, 영업비밀 98
6. 일본엔 지식재산 흑자가 쌓여간다 99
7. 우려했던 일들은 일어나지 않았다. 그러나 불확실성은 남아 있다 100
8. 대한민국을 지켜낼 가장 확실한 방법, 지식재산 101
9. 대한민국의 '국가 지식재산 전략'을 가동하라 더 큰 경쟁자가 움직인다 102

Part 5

아시아 지식재산 리더를 꿈꾸다 104

1. 지식재산 허브로 가는 길, '아시아 지식재산 협력체'를 추진하자 108
2. 공존의 모색, 왜 아세안과의 협력인가 116
3. 지식재산 격차 너무 큰데… 아세안과 협력하면 무엇이 좋아질까 120
4. '아시아 지식재산 협력체'의 자산, 다양한 협력이 축적되고 있다 128
5. "국제 기술거래 플랫폼", 혁신을 거래하라 138
6. 4차 산업혁명의 공조 무대, 남북 지식재산 협력 146
7. 지식재산 허브로 가는 운전자, 인재와 거버넌스 159
8. 아시아 최초의 지식재산권 〈국제재판부〉 글로벌 법정지의 싹을 틔우다 161

EPILOGUE

"대한민국의 불가사의는 더 이상 불가사의하지 않다" 162

PROLOGUE

언제든, 어디서든, 어디든 갈 수 있는 것이 상상력이다. 그 자유롭고 무한한 힘으로 세상을 앞으로 밀어간 커다란 수레바퀴의 하나가 지식재산이다. 뒤돌아보면 우리 민족은 강대국에 둘러싸여 늘 위기 속에 살면서도 창의성 덕분에 찬란한 문화유산을 일궈냈다. 창의성과 열정 덕분에 폐허를 딛고 IP5라는 지식재산 강국도 되었다. 그런데도 '지식재산'은 아직 그 말도 뜻도 국민들에게 많이 낯설다.

이 책은 지식재산이라는 말과 뜻이 조금 더 국민들에게 가 닿고, 정책 입안자들에게 그 핵심 아젠다가 인식되기를 바라는 마음에서 기획되었다. 인재도 많고 기술력도 좋은 우리나라가 잘만 하면 아시아의 '지식재산 허브'도 될 수 있지 않겠냐는 희망찬 꿈을 잉태시킨 세계특허(IP)허브추진위원회 덕분이다.

지식재산 강국이 된다는 것은 창의성이 존중받는다는 의미일 것이다. 창의성이 존중받는다는 것은 가까이서 보면 경제적 보상으로 계산되겠지만 그 바탕은 상상을 현실화하기 위해 노력한 '인간'에 대한 합리적인 예우일 것이다.

지식재산이라는 말이 더 많이 국민들 입에 오르내려야 한다. 아이들도 자신의 창의성을 꺼내어 구현해내고 싶다는 생각이 들게 해야 한다. 우리는 우리 실력에 비해 지식재산을 너무 소홀히 대해왔다. 대한민국 지식재산의 목표와 숙제를 국가가 알고 국민들이 알아야 한다. 아직은 전문가들의 것처럼 되어 있는 지식재산이 전문가들의 울타리 밖으로 나와야 한다.

"Imagination is more important than knowledge
Knowledge is limited
Imagination encircles the world
Logic will get you from A to B
but imagination will take you everywhere"

세계를 흔들어 놓은 미중무역전쟁, 우리를 다시 뭉치게 한 일본의 경제도발 등 굵직한 사건들이 다행히 '특허', '지식재산'과 같은 말들을 더 많이 회자시키며 그 중요성을 느끼게 해주었다. 아세안도 한국과 더 많이 교류하고 싶어하고 있고, 이미 남북협력의 틈새도 생겨났다.

그 모든 것들을 어떤 의미로 읽어내야 하는지, 어떤 준비를 해야 가뭄에 큰 비처럼 축복이 될지 짚어보았다. 축복의 큰 비를 만들어낼 미세한 파동들이 일고 있다.

Part 1

역사상 최초의 국가간 지식재산 전쟁이 시작됐다

지식재산의 "가치"를 알려면 미중무역분쟁을 보라

이것은
신보호무역주의가 아니다.
첨단기술을 둘러싼
역사상 최초의
지직재산 전쟁이다.

미중무역분쟁이 타결된다 해도
지식재산을 둘러싼 진짜 전쟁에
‘종전’은 없다.

지식재산이 패권이다.

1. 어떤 백서 : 긴 전쟁을 암시하는 예고편

2018년 6월.
미국이 중국과의 무역분쟁을 선언하고 석달 뒤,
미국은 이례적인 백서를 세상에 내놓았다.
〈중국의 경제 및 지식재산권 침략보고서〉-

간결하나 강렬한 제목의 이 보고서는
'침략'이란 공식적인 표현을 통해
이미 어떤 전쟁이 시작됐음을 알리고 있었다.
중국이 어떻게 미국을 침략하고 있는지에 대한
치밀한 전쟁발발 보고서였다.

"더 이상 중국의 도둑질을 참지 않겠다"

[침략 전술 1]
미국이 고발하는 중국의 침략은 한마디로
'기술과 지식재산 절도'를 통한 침략이다.
그 첫 번째가 기술과 지식재산에 대한 물리적인 절도와 사이버 절도다. 보고서에 의하면 중국은 해외에 4만명, 중국 본토에 5만명 이상의 정보원을 두고 산업스파이 활동을 펼치고 있는데 이들을 통한 영업비밀 절도만도 연간 209조-627조원. 그 외에도 위조, 불법복제, 역설계 등이 판치고 있다는 보고다.

[침략 전술 2]
두 번째 방법은
'외국기업의 기술과 지식재산 이전 강요'다.
중국은 중국내 외국기업들에게 합작과 제휴를 강요한다. 그들에게 지식재산권을 제한하며 모든 행정을 외국기업에 불리하게 운용한다. 또한 기술표준을 통제하고, 데이터 현지화 시키기, R&D 현지화 시키기, 외국 합작사에 중국인 직원을 배치하기 등이다.

[침략 전술 3]
'경제적 강제들' 또한 다양하다.
한 예로 중국내 외국기업들은 원자재를 살 때 중국 기업들보다 2배 이상 비싸게 사야 한다. LCD 디스플레이를 만들 경우 희토류가 제작비의 50-60%를 차지하는데, 2배 넘게 비싼 희토류를 써야 한다는 것은 치명적인 불이익이 될 수밖에 없다.

[침략 전술 4]
'정보수집'이다.
중국은 대대적으로 오픈소스를 수집하고 있다.
30여 년 전으로 돌아가 보자. 일찍이 1985년, 중국은 '조사, 수집, 분석, 합성, 재포장, 벤치마킹, 역설계'를 담당하는 6만명 이상의 인력을 가진 과학기술연구소를 400개 넘게 갖추고 있었다. 1991년엔 중국의 베테랑 스파이들이 '스파이 가이드' 교재와 국방과학기술 기밀정보 입수방법을 펴내기도 했다.

오픈소스를 수집하는 일은 아예 정식 직업으로 인정받는다. 그같은 스파이 노릇으로 미국은 중국이 기술연구비의 40-50%, 연구시간의 60-70% 가량을 줄였다고 보고 있다.

2009년 이후 중국으로 돌아온 고숙련 관련 전문가는 44,000명을 넘어섰다. 현재 미국의 대학에 다니거나 미국 국립연구소, 혁신센터 등에 몸담은 중국인이 30만명을 넘는다. 미국은 그들 모두를 스파이이거나 잠재적 스파이로 보고 있다.

노골적인 절도, 수만 명의 산업스파이,
위조, 불법복제, 감시, 기술과 지식재산 이전 강요,
원자재 폭리 그리고 그 모든 것의 배후 ‘중국 공산당’..

미국에게 중국의 지식재산 침략 시나리오는
조폭영화나 헐리우드 첩보영화, 그 이상이다.

[침략 전술 5]

‘중국 정부의 편법적인 투자 지원’도 큰 문제다.

기업의 경영진들은 전 · 현직 중국 공산당원이나 정부의 구성원들인데 이들을 통해 미국 첨단기술에 전략적인 투자를 한다는 것이다. 이들에게는 융자특혜, 세제 혜택, 라이선싱 및 승인 특혜, 정부계약 이용 특혜 등이 주어진다고 보고 있다.

그 외에도 실제로 중국은 미국 기업들을 인수합병 하거나 스타트업들에 대한 투자를 늘리고 있다. 2017년까지 중국은 미국내 기업인수에 미국투자 총액의 97%를 쏟아 부었다. 미국의 입장에서 볼 때 중국은 이렇듯 온갖 방법으로 첨단기술과 지식재산 도적질에 총력전을 펼치며 무섭게 미국을 추격하고 있다.

마이크 펜스 미국 부통령

시진핑 중국 주석

또다른 백서 : “미국은 세상의 진보를 위협하지 말라”

1년 뒤, 이번엔 중국 화웨이에서 지식재산권 백서 「지적재산권 존중과 보호: 혁신의 초석」을 내놓았다. "지식재산권을 정치화하는 것은 세상의 진보를 위협하는 행위"라며 이대로라면 "전 세계 혁신의 토대가 허물어질 것"이라는 반격이었다.

백서는 또한 화웨이가 지식재산권 보호와 세계의 혁신에 얼마나 기여했는지 강조했다. 화웨이는 2018년 말까지 8만 7805개의 특허를 냈다. 그중 1만 1152개는 미국에서 낸 특허였다. 2015년 이후에만도 14억달러 규모의 라이선싱 매출을 기록했고, 다른 회사의 지식재산권에 60억달러 이상의 로열티를 지불하며 합법적으로 사용했으며, 그중 80%가 미국 기업에게 돌아갔다는 것이다.

실제 화웨이의 다양한 혁신 기술은 3G, 4G, 5G의 개방형 표준에 적용됐다. 그들은 화웨이로부터 제품을 직접 구매하지 않은 일부 국가들도 화웨이의 핵심 특허를 쓰며 여러 혜택을 누리고 있다고 강조했다. 자신들은 지식재산권 도둑이 아니라는, 팩트 반격이었다.

2. 패권전쟁의 열쇠는 지식재산
뇌관은 중국의 미래설계도 〈중국제조 2025〉

중국의 미래 설계도 〈중국제조 2025〉

1978년 개혁개방을 시작했을 때 중국 국민의 90%는 하루 2달러가 안되는 돈으로 지탱하고 있었다. 그러나 2014년 그 숫자는 90%에서 1%로 줄었다. 세상이 뒤집힌 셈이다. 마침내 2018년, 중국의 경제규모는 미국의 70%에 육박했다. 미국은 중국으로 인해 56만개의 일자리를 잃었다고 주장한다.

기술추격을 위한 중국의 기본설계도는 '중국제조 2025'. 이는 중국의 미래를 여는 화두이자 미중무역분쟁의 뇌관이다. 2025년까지 10가지 미래기술에 대해 중국이 세계 지배력을 갖고, 2035년까진 모든 첨단기술에서 혁신적인 리더가 되며, 건국 100주년이 되는 2049년까지 확실한 패권국가가 되겠다는 이른바 "중국몽"이다. 미국은 '중국제조 2025'를 미래산업을 석권하려는 음모로 규정했다.

중국 제조 2025 (Made in China 2025)
2025년까지 의료·바이오, 로봇, 통신장비,
항공 우주, 반도체 등 10개 첨단 분야를
육성해 글로벌 첨단 국가가 되겠다는,
시진핑 정부의 핵심 미래산업정책.
전략상 지식재산권 활용을 강조하고 있다.

3. 핫한 갈등, 5G와 AI

그간 지식재산권 분쟁은 관련 기업끼리 해결해왔다.
그런데 이를 국가간 전쟁의 양상으로 발전시킨 것은
이번이 처음이다.
첨단기술력으로 경제력과 군사력을 높이며
패권을 지키려는 미국과,
새 질서를 만들려는 중국.
그 첨예한 전선은 5G와 AI에 집중되어 있다.

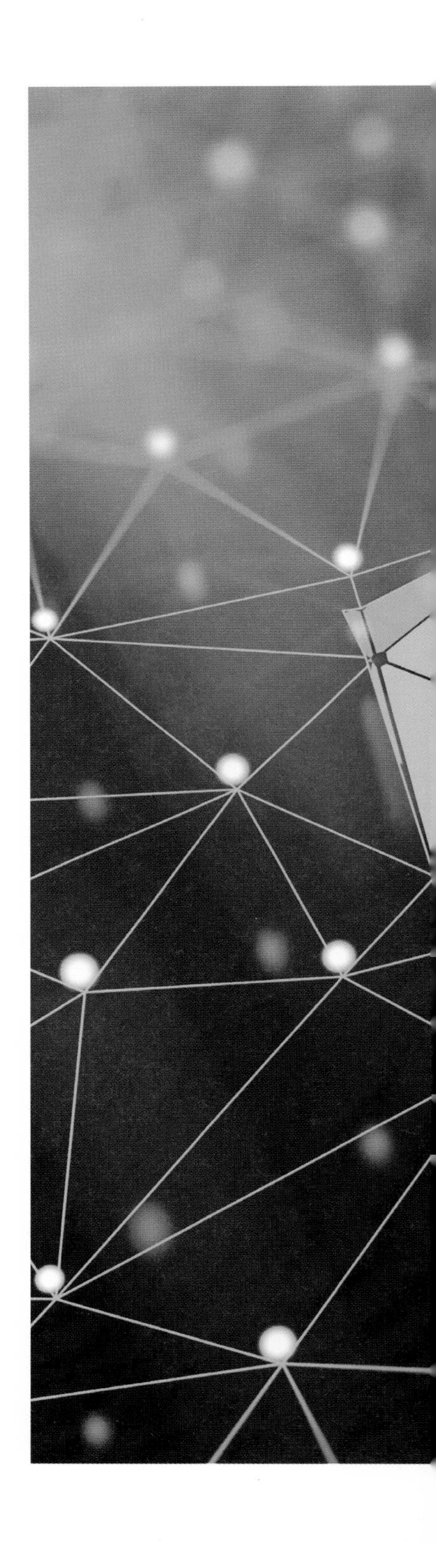

모든 미래기술의 시작점, 1경 3,500조 원의 시장을 누가 가질 것인가

2018년 12월 1일. 캐나다 밴쿠버공항에선 5G 산업의 상징기업인 화웨이의 멍완저우 부회장이 체포됐다. 미 · 중 무역분쟁이 시작되고 양국 정상이 처음으로 협상테이블에 마주 앉은 날이었다. 미국 정부는 정부기관에 화웨이 사용 금지령을 내리고, 화웨이와 멍 부회장을 기술절취와 금융사기 등 13개 혐의로 기소했다.

화웨이(HUAWEI)
5G기술의 세계적인 선두 주자이자
세계 최대의 통신업체.
170여 개국에서 영업하며 1500개에 달하는 통신망을 깔고
지구 인구의 3분의 1을 커버하고 있다.
2018년 한 해 매출이 약 1100억 달러 (127조 7천억원).
SK텔레콤과 KT, LG유플러스 등의 기간망 장비에 화웨이
제품이 쓰이고 있다.

5G

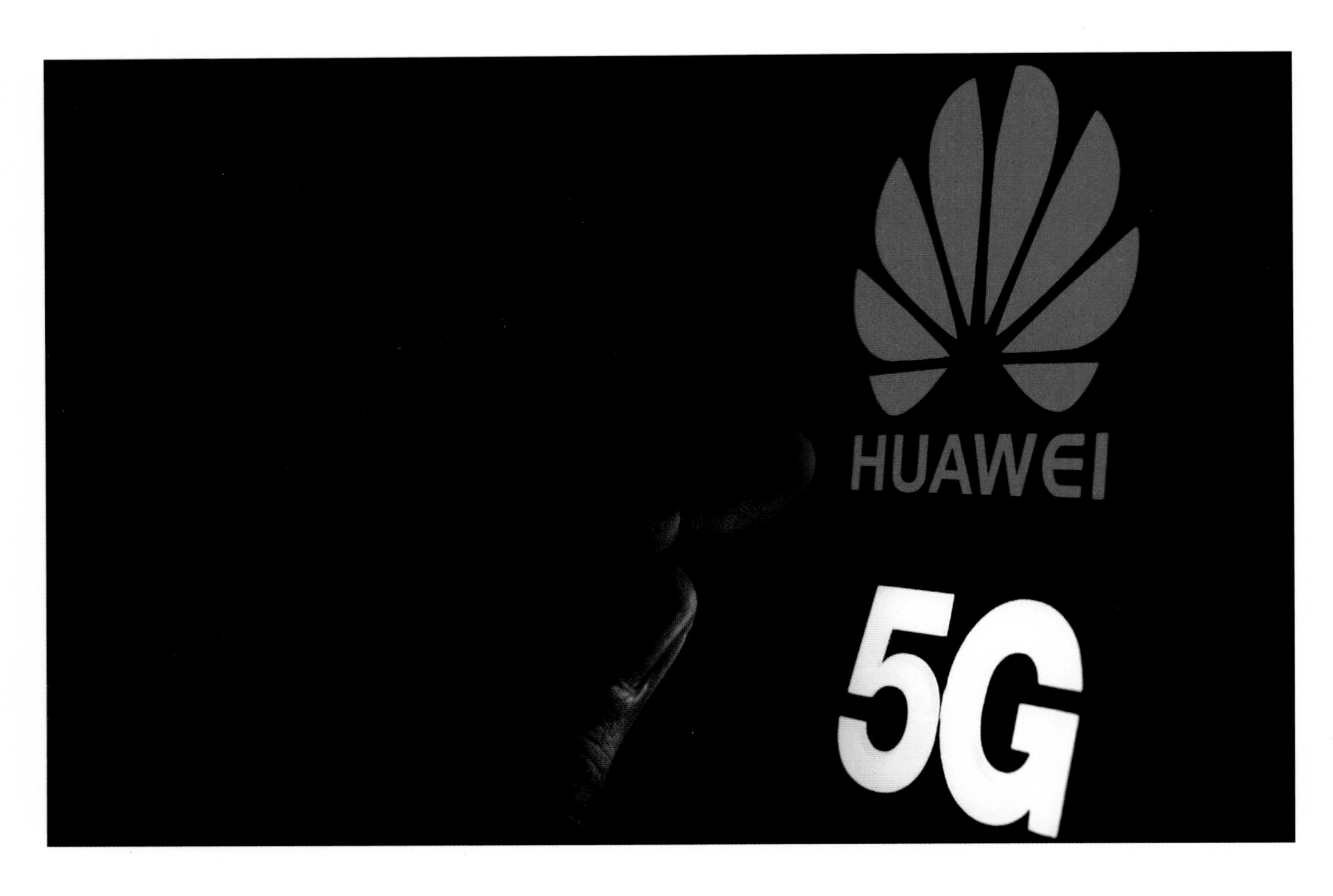

5G 기술은 모든 미래 기술의 시작점이다. 초연결성 때문이다. 5G는 4G보다 20배-100배까지 빠르다. 연결 기기도 10배 이상 많아진다. 5G의 놀라운 통신 속도와 데이터 용량이 AI, 빅데이터와 결합해 초연결성을 구현한다. 자율주행차와 가상 · 증강 현실은 물론 스마트 시티, 사물인터넷 등이 모두 5G가 구현되어야만 가능해진다.

5G 기술은 무려 12조 달러(1경 3900조원)에 달하는 시장이다. 기술표준 선점 효과는 파괴적이다. 현재 5G의 특허출원은 중국이 34%로 세계 1위. 5G 모바일 특허 건수는 화웨이와 ZTE(중싱통신)가 미국 퀄컴과 인텔을 앞서 있다. 5G 통신장비 또한 화웨이와 ZTE가 세계 시장점유율 1,2위를 차지한다.

**5G 기술은 중국이 미국에 앞서 있다.
5G가 AI·빅데이터와 결합되어
초연결성을 이뤄야
스마트시티, 사물인터넷, 자율주행차 같은
모든 새로운 기술이 구현된다.**

**화웨이에 대한 공격은
그 모든 새로운 기술의
베이스캠프를 공격하는 일이다.**

그러나 미국에게 화웨이는 기업이 아닌 중국 공산당 조직이나 다름없다. 모든 중국 기업이 정부의 명령에 종속되어 있는데, 특히나 화웨이는 겉으로는 8만명이 넘는 노동자소유기업이지만 실제로는 주인을 특정 할 수 없는 중국만의 특수한 지배구조를 갖고 있다. 미국은 이런 화웨이가 해외에 깔아놓은 통신망으로 기밀 정보를 빼돌리거나 통신체계를 망가뜨리며 스파이 역할을 할 것이라며 공격하고 있는 것이다. 그러나 아직 그 증거를 제시한 바는 없다.

화웨이는 분명 세계 통신업계를 점령해가고 있다. 그러나 화웨이는 미국의 퀄컴 · 인텔 등에서 핵심 부품을 사지 않으면 가동될 수 없다. 미국은 중국의 문제 기업에 미국 기술을 팔지 못하게 했다. 지식재산이 빠져나갈 원천을 봉쇄한 것이다. 화웨이가 수백억원을 지원했던 미국 대학들과의 공동연구도 금지됐다. 줄줄이 계획되어 있던 미국기업에 대한 M&A도 막혀 버렸다.

2035년 5G 경제효과 및 고용전망

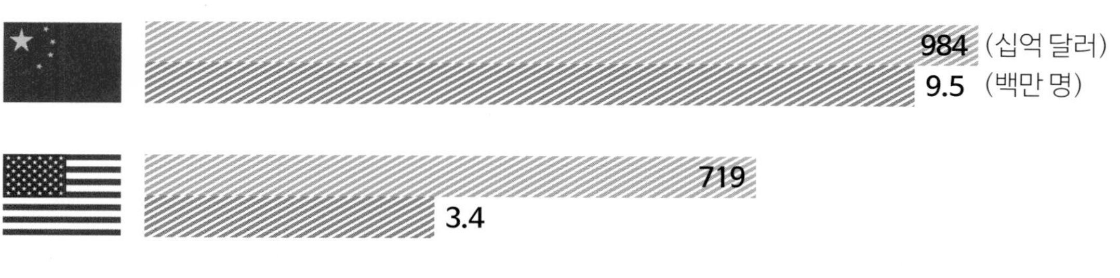

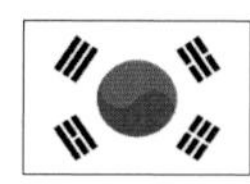

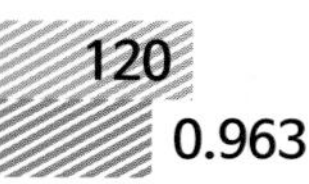

총산출
고용 창출 (IHS마킷)

미국과의 국력 차이를 뛰어넘게 해 줄 중국의 '게임 체인저'

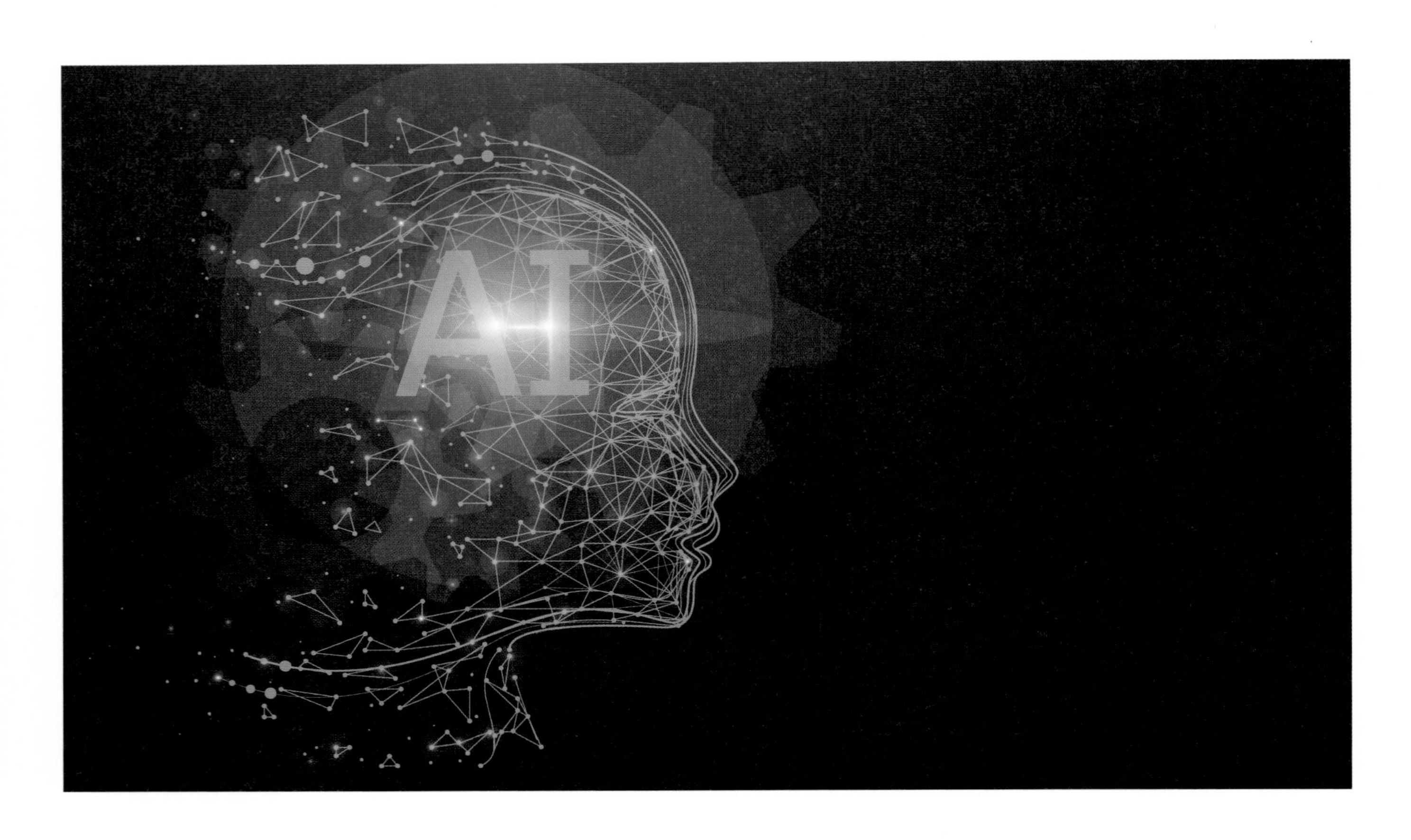

〈중국제조 2025〉에 사활을 건 중국. 그들이 몰두하는 또 하나의 분야가 AI다. 산업연관 효과가 크기 때문이다. 중국은 AI를 선도기술 삼아 다른 기술력을 점핑시키고, 국가안보 및 거버넌스 현대화, 사회 관리에도 이를 활용한다는 계획이다.

그 한 예로 중국은 2016년 기준, 공공장소와 건물들에 무려 1억7천600만대의 감시 카메라를 운용 하고 있다. 신장 위구르 자치구에는 경찰국가 수준의 통제 사회를 구축해 소수민족 탄압 논란을 빚고 있다. 그 대표기업이 하이크비전. 감시용 CCTV로 세계 최대 보안장비업체가 된 국유기업이다.

하이크비전은 중국의 AI 국가대표 기업이다. 미국의 기술거래 제재 대상이 됐다. 에콰도르, 짐바브웨, 우즈베키스탄, 파키스탄, 아랍에미리트 등 국민 통제를 원하는 국가들에 감시체계를 수출해 큰 돈을 벌었다. 2019년에도 인도의 13억 얼굴을 수집하는 중국식 안면인식 프로젝트를 추진해 논란이 일고 있다.

또한 이미 2019년 상반기까지 AI로 600여명의 잃어버린 아이를 찾기도 했다. 10년 전 잃어버린 아이를 찾아낸 AI '요우트'는 사람의 이목구비가 어떻게 변화할지를 정확하게 예측해냈다. '딥글린트'사의 AI는 50m 떨어진 사람이나 차량 등의 이미지를 정확하게 인식해 20년간의 수배자를 포함해 100여 명의 범죄 용의자를 찾아냈다. 마침내 지난 12월 중국 허난성의 수도 정저우시는 시 전체 지하철 노선에서 얼굴인식 결제 시스템을 가동하기 시작했다. 티켓이나 휴대전화 QR코드 없이 안면인식 카메라와 은행 계좌가 연결되어 요금도 자동 결제 되는 시스템이다.

AI로 성장 패러다임을 바꾸려는 중국은 박빙의 차이로 미국을 추격중이다. AI의 알고리즘과 컴퓨팅파워에선 미국이 앞서고 데이터 분야에선 중국이 앞서고 있다.

트럼프 대통령은 'AI 이니셔티브'를 명령했다. 시진핑 주석은 국가인재를 AI에 집중시키고 있다.

이같이 앞선 기술로 중국은 2030년 미국을 넘어 세계 AI 혁신의 중심 국가가 되려 한다. 2030년까지 AI와 연관산업을 10조위안(1700조 원)까지 키우겠다며 10년내 10배 성장의 목표도 제시했다. 딥러닝, 빅데이터 및 지능형 IoT 같은 최신 기술 개발도 가속화 하고 있다

AI 기술의 3대 요소 중 알고리즘과 컴퓨팅 파워 분야에선 미국이 절대 우세하다. 반면 중국은 데이터 분야에서 미국을 따라잡았다. AI 연구 건수와 특허출원 건수도 미국을 제쳤다. AI 응용면에서도 중국은 미국을 앞질렀다. 미국 데이터혁신센터에 의하면 2018년 비즈니스에 AI를 활용한 기업이 중국(32%) 미국(22%) 유럽연합(18%) 순으로 나타났다. 14억명의 인구가 제공하는 풍부한 데이터 덕분이다.

데이터는 AI가 먹고 자라는 양분이다. 데이터 양이 많을수록 성능이 크게 발전한다. 그런데, 중국은 2년전부터 중국에서 생성된 모든 데이터의 국외 반출을 막고 있다. 그간 구글 · 애플 · 페이스북 · 아마존 등을 통해 무차별적으로 전세계 데이터를 독식하던 미국은 당연히 이에 반발했다. 전문가들은 데이터 전쟁에서 중국이 미국을 1.4년 차이로 추격중인 것으로 보고 있다. 전 인류의 정보를 빨아들이기 위한 미 · 중 데이터 전쟁은 갈수록 가열될 것이다.

이에 트럼프 대통령은 연방정부의 모든 기관에 'AI 이니셔티브'를 명령했다. AI에 최우선적으로 투자라는 명령이다. 중국 또한 특별히 '차세대 AI 발전계획 추진실'을 만들었다. 중국은 국가 핵심 인재들을 AI에 집중시키며 지역별로 특화된 인공지능 정책으로 경쟁을 촉진시키고 있다.

4. 격화된 고지전, 화웨이 전투

2018년 3월 **트럼프, 중국산 수입품 관세부과와 WTO 제소 행정명령 서명**
2018년 4월~9월 **1차 무역분쟁 (9차례에 걸친 양국의 관세부과)**
2018년 12월 **90일간 추가 관세부과 유예, 무역협상 재개 합의**
2019년 5월 **2차 무역분쟁 "화웨이 사태"**
2019년 6월 **추가관세 잠정 중단 합의**
2019년 8월 **미국 중국 환율조작국 지정**
2019년 10월 **지식재산권을 유보한 스몰딜**
2020년 5월 **코로나 19사태 속에 미중무역분쟁 재점화 조짐**

"화웨이는 우리 용의 머리다"

2019년 5월. 1년간 9차례의 관세폭탄을 퍼부으며 보복의 악순환을 거듭하던 미국과 중국 사이에 화염이 격화됐다. 트럼프 대통령은 비상사태를 선포했고, 미국 기업들과 화웨이의 거래는 금지됐다. 화웨이의 계열사 68개사도 미국과의 거래가 봉쇄됐다. 이로써 화웨이엔 핵심부품 공급이 차단됐다. 이는 화웨이는 물론 전 세계 화웨이 고객사의 전산망을 위기에 빠뜨리는 일이었다. 전 세계의 5G 도입이 지연되는 일이기도 했다.

6월 13일, 약 한 달만에 화웨이는 노트북 신제품 출시 포기를 선언했다. 일단 백기를 든 화웨이는 2019년과 2020년 각 300억 달러(35조6010억원) 규모의 감산에 들어간다. 미국은 이에 그치지 않고 중국의 슈퍼컴퓨터 관련 기업들을 거래 제한 목록에 추가했다. 글로벌 기업들의 중국 공장은 다른 나라로 옮겨가고 있다.

5. 중국의 모든 카드? 시진핑이 미국을 오판했다

런정페이 / 화웨이 CEO

화웨이에 대한 미국의 조치는 강경했다. 시진핑이 트럼프를 오판했다고들 했다. 기세 좋게 중국굴기로 향하던 반도체 업체 푸젠진화는 이미 미국의 제재가 얼마나 위력이 센지를 증명하고 있었다. 푸젠진화는 화웨이에 앞서 핵심제품의 생산을 중단 당한 채 존폐 위기를 겪었다.

미국에서 수입하는 것보다 수출하는게 많은 중국으로선 관세 맞대응에 한계가 있다. 게다가 이제 중국은 쓸수 있는 관세카드를 거의 다 썼다.

사실 지난 1년 반 동안 중국은 여러장의 대응카드를 쥐고 반격을 고심했다. 세계에서 가장 많은 미국 국채를 보유한 나라가 중국인데 '1조 1000억 달러에 달하는 미국 국채를 팔아버릴 것인가', '미국이 중국에 수입 2/3를 의존하는 희토류를 무기로 삼을 것인가', '연 59조원에 달하는 애플을 판매금지 시킬 것인가', '세계에서 가장 빠르게 성장하는 중국 항공시장의 파워로 300억 달러에 달하는 미국 보잉기 구매를 취소할 것인가', '미국을 향하는 290만명의 중국 여행객과 36만명의 유학생의 발을 묶을 것인가', 아니면 '이 모든 것을 동시다발적으로 터뜨릴 것인가'.

결국 중국은 어느 하나 뾰족한 카드를 내놓지 못했다. 강력한 카드라 해도 양날의 검이 되거나, 트럼프를 멈추게 할만큼 위력이 큰 직격탄은 못되는 것이었기 때문이다.

멍완저우

6. 그런데도 시진핑이 합의서 초안을 붉게 고쳐 화웨이 전투를 부른 까닭은

2019년 5월은 처음으로 미중무역협상이 이뤄지려던 참이었다. 그러나 중국이 바라마지않던 미중 협상은 막상 중국이 깨뜨려 버렸다. 지식재산권이 문제였기 때문이다. 즉 강제 기술이전 금지, 지식재산권 보호, 비관세 장벽, 사이버 공간에서의 기술절취 금지 등을 중국이 법으로 정하기로 했었지만, 그 4가지 약속을 중국이 막판에 거부해버린 것이다. 몇 달간 줄다리기 끝에 마련한 지식재산 관련 초안을 시진핑 주석이 붉게 삭제하거나 수정했다고 전해진다. '내정간섭'이라는 이유였다.

그러면서 중국은 오히려 600억 달러치 미국산에 '보복관세'를 매기며 더 강경하게 나왔다.

그 배경엔 중국의 정치적 상황이 작용했다. 2019년은 신중국 70주년을 맞는 해. 또한 티베트 봉기 60주년과 텐안먼 사태 30주년도 겹치는 해로 어느 해보다 내부 결속을 다져야 하는 때다.

그러나 시진핑 주석에게 무엇보다 중요한 것은 중국몽으로 가는 길에 걸림돌을 제거해야 하는 일이었다. 미국의 요구대로 지식재산권 보호를 법으로 정해버린다면 중국제조 2025는 한참 지체 될텐데, 협상이 아무리 절실하다 해도 중국이 이를 받아들이긴 쉽지 않았을 것이다.

'강제 기술이전 금지' 등을
법으로 정하라는 것이 미국의 요구였다.
그러나 말인즉슨 맞는 그 문구들이
중국으로선 '중국제조 2025'의
큰 걸림돌이다.

중국은 결국 법제화를 거부하고
미국과의 충돌을 선택했다.

시진핑

7. 중국을 G2로 키운 것은 미국이건만

2019년의 '중국제조 2025' 예산은 전년보다 13.4%나 많은 약 60조원으로 책정됐다. 2026년까지 200조원을 투자해 반도체 자급률을 70%로 끌어올리겠다는 계획도 그대로 진행된다.

전 세계에서 유일하게 모든 공업 분야를 갖고 있는, 제조업 규모 세계 1위의 나라. 실제 중국은 2019년 글로벌 500대 기업 수에서 미국을 추월했다. 중국기업이 129개(대만 10개 포함), 미국기업이 121개다. 2017년 IMF가 발표한 경제규모 세계 1위국도 이미 중국이 차지했다.

사실 중국이 세계 무대에 급부상 하는데엔 미국의 역할이 컸다. 1990년대, 냉전도 끝나고 IT기술마저 독점하며 패권을 누리던 미국은 해외에서 만든 제품을 수입해 쓰는 손쉬운 방법을 택했다. 미국은 초저금리로 자산투자붐을 일으켰고, 전세계 제조업은 브릭스(BRICs)를 중심으로 재편됐다. 특히나 미국 덕분에 세계의 공장으로 비약적으로 성장한 나라가 중국이다.

세계 경제의 42%를 차지하는 두 나라는 이미 특허와 기술로 엮인 복잡한 공생 관계다.

브릭스(BRICs)
4대 신흥 경제강국.
브라질·러시아·인도·중국

8. 깊게 엮인 글로벌밸류체인 세계경제 침체의 그늘이 짙어진다

세계화로 맺어진 글로벌밸류체인을 끊어내기란 쉬운 일이 아니다. 중국이 어려워지면 미국을 포함한 세계 전체가 위기를 맞는다. 화웨이 전투를 벌이며 미국도 '화웨이 딜레마'에 빠졌다. 화웨이에 연간 140억 달러(약 16조 원)의 부품을 팔아온 미국 반도체 기업들이 판매금지로 큰 손실을 입고 있고, 5G 연구 활동이 해외로 빠져나가는 것도 심각하다.

미국의 고율 관세는 중국의 보복 관세로 많은 부분 상쇄 되었다. 이 전쟁으로 2018년 미국 경제는 오히려 약 9조원의 손해를 본 것으로 추정된다. 관세문제가 아닌 관세전쟁. 이 전쟁은 화웨이를 중심으로 한 IT전쟁으로, 다시 환율전쟁으로 치달으며 세계의 주가와 환율과 원자재 값을 흔들고 세계 경제를 침체의 늪으로 끌고 가고 있다.

중국의 디플레이션 그림자가 짙어진다. 한국의 2019년 수출은 G20 가운데 가장 많이 줄었다. 세계 경제침체 확률이 40%를 넘어섰다는 경고음이 커진다.

아이러니하게도 협상이 타결되면 한국의 수출은 더 많이 줄어들 것이라는 전망이다.

이대로면 세계 경제가 침체될 확률이 40%가 넘는다는 것이 전문가들의 경고다. 중국의 디플레이션 그림자도 짙어지고 있다. 호황을 누리는 미국 경제마저 이상 신호를 보인다. 지난 9월 제조업 구매관리자지수(PMI)는 47.8로 10년만에 최악이었다.

대외의존도가 높은 한국은 당연히 수출이 줄고 있다. 중국 성장률이 1%포인트 떨어지면 한국 경제 성장률은 0.5%포인트 떨어질 것이라는 전망이다. 더욱이 IMF는 두 나라가 협상에 합의 할 경우, 한국의 수출이 53조원, 즉 GDP의 3%나 떨어질 것이라는 비관적인 수치를 내놓았다. 중국이 대미흑자를 줄이기 위해 미국 제품의 수입을 늘리게 될 것이라는 이유에서다.

9. 화웨이를 향한 더 많은 족쇄들은 지식재산 패권전쟁을 어디로 데려갈 것인가

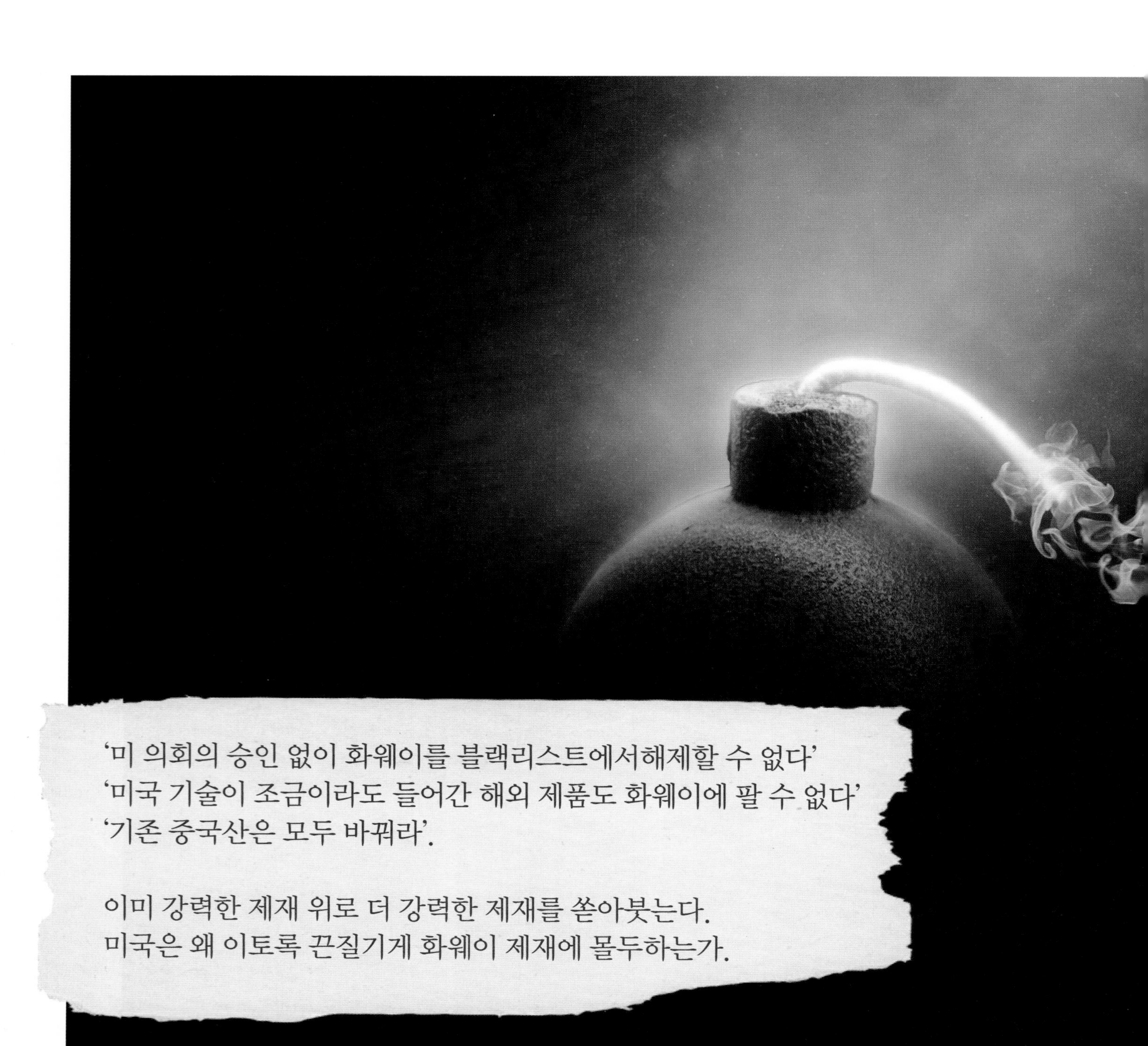

'미 의회의 승인 없이 화웨이를 블랙리스트에서해제할 수 없다'
'미국 기술이 조금이라도 들어간 해외 제품도 화웨이에 팔 수 없다'
'기존 중국산은 모두 바꿔라'.

이미 강력한 제재 위로 더 강력한 제재를 쏟아붓는다.
미국은 왜 이토록 끈질기게 화웨이 제재에 몰두하는가.

백기를 든 줄 알았던 화웨이는
지금도 새로운 지식재산의 세계로 나아가고 있다,
‘중국제조 2025’의 깃발은 아직 힘차다.

기술패권이 흔들리면 경제와 안보 모두를 잃는다.
무역협상과 별개로, ‘진짜 전쟁’은 길어질 것이다.

지난 7월 미 의회는 더 강력한 화웨이 제재를 발의했다. 의회의 승인 없이 화웨이를 ‘거래제한 기업’에서 해제할 수 없다는 것과, 상무부가 화웨이와 거래를 승인하더라도 의회가 승인을 취소시킬 수 있도록 한 것이다. 웬만해선 화웨이를 제재에서 풀어주는 일이 없을 것이라는 무시무시한 제재법안이다.

여기엔 민주당과 공화당이 초당적으로 참여했다.

2019년 12월 현재 화웨이 규제를 더 추가하는 방안도 검토되고 있다. 미국산은 물론이거니와, 미국 기술이 적용된 해외 제품도 화웨이에 팔지 못하게 하거나, 기존 중국산 장비를 다른 나라 제품으로 바꾸도록 의무화 하는 방안 등이다. 물론 연방정부의 보조금으로 화웨이 제품을 사던 것도 제한했다. 85억 달러(9조9천억 원) 규모의 보조금은 소외 지역에서 값싸게 통신 서비스를 할 수 있도록 지급되고 있었다. 화웨이는 현재 이같은 결정에 맞서는 소송을 준비 중이다.

이제 전쟁의 화살은 ‘금융’으로 향하고 있는 듯 하다. 미국은 2019년 9월말, 알리바바 등 미국 증시에 상장되어 있는 160개 중국기업(시가 총액 1조 달러)의 상장 폐지를 검토했다. 미국의 중국 투자 제한도 고려하고 있다.

무역전쟁이 장기화 되자 중국에선 뱅크런(대규모 예금인출사태) 등 이상 징후가 나타나고 있다. 기업부채와 가계부채도 급증하고 있다. 인민은행은 '2019 금융안정 보고서'에서 전국 4400개 은행 중 586곳을 고위험 상태로 진단했다. 중국의 2020년 성장률은 6.0% 아래로 떨어질 가능성이 높아졌다. 수출도 수입도 줄고 있다.

10. 런정페이의 의미심장한 이야기 '영웅은 자고로 많은 고난을 겪는다'

지난 6월 화웨이의 런정페이 CEO는 2차 세계대전 중 포탄 자국이 새겨진 낡은 전투기 사진을 기자들에게 돌렸다. 포탄을 뒤집어 쓴 낡은 비행기는 미국 제재에 걸린 화웨이였고, 그 위론 '영웅은 자고로 많은 고난을 겪는다'는 문구가 새겨져 있었다.

기자가 물었다. '지금 화웨이는 얼마나 위험한가?' 런정페이의 대답은 뜻밖이었다. "화웨이가 가장 위험했던 때는 미국의 제재 이후가 아니다. 딸 멍완저우가 캐나다에서 체포 되기 이전이었다. 모든 직원 주머니에 돈이 생기고 힘든 지역에 가서 일을 하려 하지 않으려는 위험한 상태였다. 지금은 모두 분발하고 모든 전투력이 나날이 높아지고 있는데 어떻게 가장 위험한 시기인가. 가/장/좋/은/ 상태다"

미국의 강한 압박 속에서도 화웨이는 2018년 처음으로 1000억 달러의 수익을 올렸다. 화웨이의 2019년 휴대폰 판매량은 급감하리라던 예상과는 달리 세계 1위를 차지할 전망이다. 애국심 마케팅이 큰 몫 했다.

중국은 무역전쟁의 한가운데서도 반도체 독립을 선언했다. 반도체 굴기를 상징하는 약 33조 8천억 원의 '빅펀드' 2기가 조달되고 있다. 포탄을 맞고 겹겹이 족쇄가 채워져도, 화웨이전투로 상징되는 첨단기술을 향한 전쟁은 이렇게 또다른 전선을 향하고 있다.

11. 우리에게 지식재산은 생존이고 평화다

민감한 핵심 사안인 중국의 지식재산권 보호와 기술이전 요구, 국영기업 정부 보조금 문제는 자꾸 뒤로 미뤄지고 있다. 미중무역협상이 합의된다 해도, 진짜 전쟁의 끝은 요원해 보인다. 불확실성은 계속 될 것이다.

지식재산을 둘러싼 전쟁에선 어쩌면 내일, 우리가 당사자가 될지 모르는 일이다. 우리가 일본의 경제보복을 상상이나 했었나, 삼성이 화웨이가 되지 말란 법이 있을까. 한편으론 지식재산 파워를 키우고, 다른 한편으론 미중패권 대결에 절묘한 균형감각으로 살아남아야 하는 우리에게 지식재산은 단순히 권리나 능력이 아니다. 생존이고 평화다.

만신창이가 된 화웨이에
미국 기자가 물었다
"지금 화웨이는 얼마나 위험한가?"
런정페이가 답했다.
"모두 분발하고 모든 전투력이
나날이 높아지고 있다.
지금이 가장 좋은 상태다"

포탄을 맞고 족쇄가 채워져도
화웨이 전투로 상징되는 전쟁은
또다른 전선을 향하고 있다.

Part 2

지식재산 빅뱅시대

인류 진보의 방아쇠 지식재산

더 많은 창조를 위한 권리

우리는 발명품에 둘러싸여 살아가고 있다. 무심코 쓰는 5만원 권 한 장에도 지식재산권이 들어있다. 위조방지를 위한 특허만도 무려 5천여 건에 달한다. 주로 미국과 스위스의 기술이다. 우리가 우리 돈을 만드는데 외국에 돈을 내야 한다.

지식재산권은 크게 특허와 저작권을 아우르는 권리다. 이것이 지난 500년 동안 **인류에게 더 많은 창조력을 발휘하게 하는 원동력**이 되어 왔다. 새로운 아이디어를 낸 사람에게 일정 기간 독점권을 주고 보호 해준 덕분이다. 온갖 시행착오를 겪어내며 발명해낸 결과물을 아무런 수고도 들이지 않은 사람들이 이리저리 베껴낸다면 새로운 발명은 이렇게나 많이 세상에 나올 수 있었을까. **지식재산권은 발명자나 창작자의 노력과 지혜를 경제적으로 보상해주고 그 결과물로 우리 모두의 삶을 발전 시켜가는 '인류의 자산'이다.** 인간만이 가진 창의성으로 세상이 빛나고 있다, 편리해지고 있다, 안락해지고 있다, 진보해왔고 진보해가고 있다.

우리 모두에게 무한한 창의성이 있다지만
그것을 꺼내어 세상을 변화시키는 자는 누구인가.

믿음과 인내를 가진 사람이다.

세상에 존재하지 않던 것을 존재하도록 하기 위해
아무도 믿지 않을 때 '될 수 있다'고 믿고,
될 때까지 인내한 사람.
고독한 믿음과 인내로 일군 창의성의
가치를 인정해주는 것이 지식재산권이다.

누구든 믿음과 인내와 창의성을 실현하도록
법과 제도, 문화와 인프라로 도와야 한다.

그런데 누군가의 창의성은 어떻게 태어나는가?

하나의 창의성이 지식재산으로 결실을 맺는다는 것은 존재하지 않던 것을 '존재하도록' 만드는 일이다. 존재하지 않는 상태란 대부분의 사람이 그것은 할 수 없다고 생각해버리거나 너무 힘든 일이라며 시도하지 않는 상태다. 라이트 형제의 발명이 있기 전 인간이 세상을 나는 것은 불가능한 일이었다. 발명가란 불가능을 '할 수 있다'고 믿은 사람이다. 할 수 있다는 '믿음'으로, 그것을 이루어내기까지 '인내'한 사람이다. 에디슨의 수많은 발명이 세상에 나오기까지는 사색과 고민을 담은 2,500권의 연구노트가 있었다.

아무도 되리라 믿지 않을 때 믿었던 사람. 누구도 시도하지 않을 때 인내력을 갖고 끝까지 해낸 사람. 그들의 창의성은 특별한 능력이기 이전에 모든 인간이 가진 고유의 믿음과 인내의 결과였다. 고독한 믿음과 인내로 일군 창의성의 가치를 인정해주는 것이 지식재산권이다.

시대 변혁을 이끄는 혁신의 조건

인류의 삶을 크게 바꾼 세 차례의 산업혁명은 혁신의 결과였다. 세계 최초로 근대적 특허제도를 만든 영국은 제임스 와트의 증기 기관 특허를 통해 1차 산업혁명을 촉발시켰다. 링컨과 레이건 대통령의 강한 특허정책은 전기에너지와 컴퓨터 핵심 기술을 선점해 2차 · 3차 산업혁명을 주도했다.

지식재산은 경제성장을 이끌어온 핵심 자산이다. 지난 30년간 G7 국가들은 특허가 1%p 늘어날 때 1인당 GDP가 0.65% 성장했다. 58개 국가를 조사 해보니 고품질 특허가 많을수록 GDP 성장률도 더 높았다.

감성적 가치마저 재산권으로 인정되는 시대
지식재산이 세상을 혁신하며
새로운 질서를 만들어 간다.
글로벌 기업들의 지식재산 속엔
그들의 미래전략이 들어있다

지식재산은 세상의 흐름을 파악할 수 있는
지식의 보고이며, 혁신의 원동력이다.

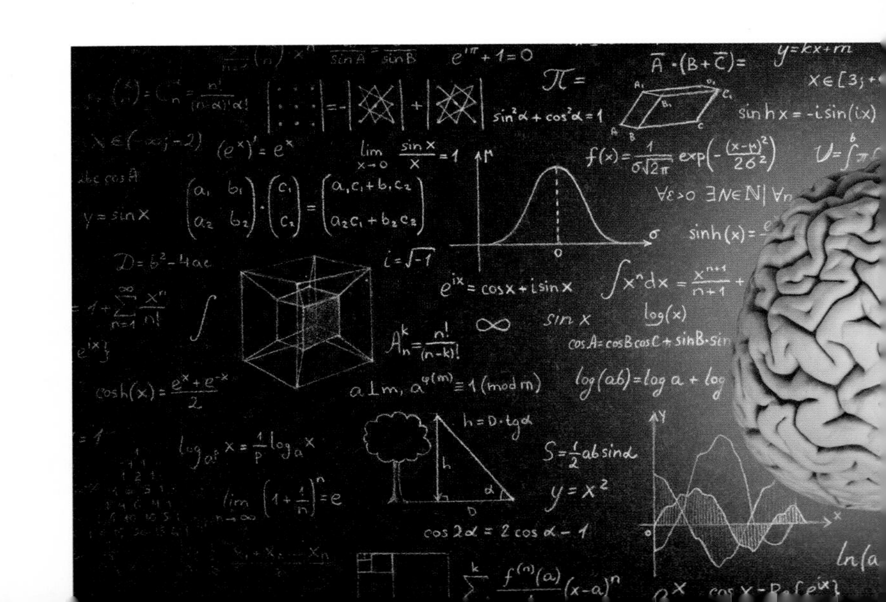

창조성의 결정체 지식재산

이제 초연결 초지능의 융 · 복합 시대다. 우버, 넷플릭스 등 거의 무형자산으로 쌓아올린 기업들이 글로벌 공룡으로 급성장했다. 새로운 비즈니스 환경 속에 그들의 비즈니스 모델이 보호되지 않았다면 수많은 모방자들로 인해 오늘날과 같은 기업 가치는 이룰 수 없었을 것이다.

MIT에선 특허를 가진 스타트업이 특허가 없는 스타트업보다 성장가능성이 35배나 높다는 결과를 내놨다. 전미경제연구소에 의하면 스타트업의 최초 특허출원이 등록된 경우, 거절된 경우에 비해 5년 후 고용 증가율이 4.1배, 매출증가율이 2.9배까지 높았다.

전세계에 통일된 형식의 특허는 기술 발전의 흐름을 파악할 수 있는 지식의 보고이며 혁신의 원동력이다. 4차 산업혁명 시대에 기업과 국가의 운명을 판가름하는 것은 '눈에 보이지 않는 무형의 자산', 지식재산이다. 지식재산이 세상을 혁신하며 새로운 질서를 만들어가고 있다.

지식재산권은 크게 세 종류로 나뉜다.

〈산업재산권〉
산업 발전을 위해 보호되는 특허, 실용신안, 디자인, 상표.
발명자의 권익을 보호해 발명을 장려하고, 관련 정보를 공개해 기술 발전에 기여한다. 가장 기본적인 지식재산인 특허는 먼저 발명한 사람이 아니라 먼저 특허출원을 한 사람에게 권리를 준다. 이를 팔거나 빌려줄 수 있다.
특허와 디자인은 20년 보호, 상표는 10년 단위로 연장해 보호받는다.

〈저작권〉
문학·예술·소프트웨어 등 인간의 사상이나 감정 등을 표현한 창작물에 대한 권리.
별도의 등록을 하지 않아도 70년간 보호된다.
구텐베르크가 인쇄술을 개발한 이후 1517년 이탈리아 베네치아에서 저작권법이 만들어졌다.

〈신지식재산권〉
온라인 디지털콘텐츠와 같이 세상의 변화로 새로운 분야에서 출현하는 지식재산.

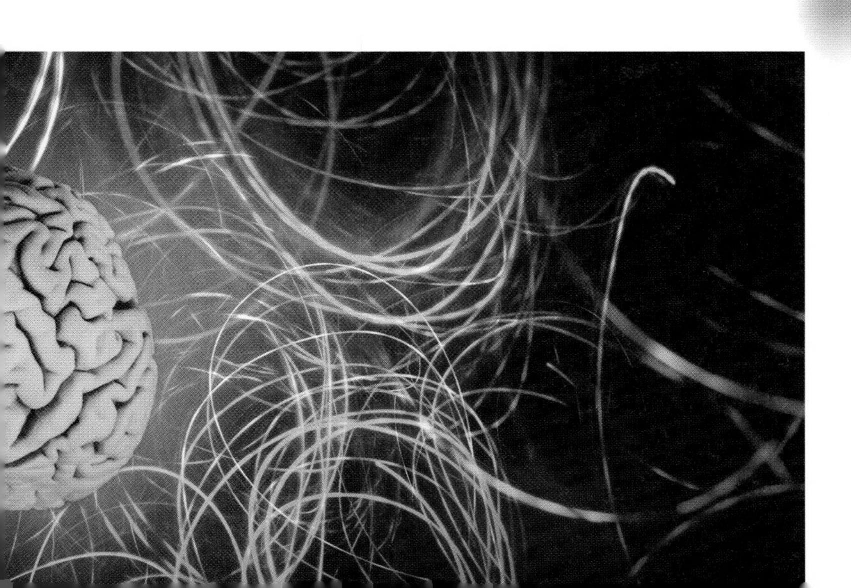

지식재산 강국, 그 탄생의 퍼즐 한 조각

미국 특허청에 배달된 1,093개의 상자

1879년 11월 4일 미국 특허청엔 빨간 끈으로 묶인 상자 하나가 도착했다. 상자 속의 서류는 이렇게 시작됐다. "나는 나 이전의 마지막 사람이 멈추고 남겨 놓은 것에서 출발한다". 서류는 1,200회가 넘는 실험 끝에 완성한 백열전구에 관한 토마스 에디슨의 특허신청서였다.

에디슨의 빨간끈 상자는 계속해서 미국 특허청에 도착했다. 그렇게 해서 획득한 에디슨의 미국 특허만 1,093건. 다른 나라 특허권까지 합하면 1,500건이 넘는다. 1869년 첫 발명품인 전기투표기록기를 시작으로 축음기, 축전기, 영화 촬영기, 전기자동차를 위한 프로펠링 등 수많은 발명에 관한 특허들이었다.

에디슨이 남긴 진짜 유산은 '새로운 산업 창출'

사실 전구를 최초로 발명한 사람은 에디슨이 아니었다. 그보다 열 달 전, 영국의 조지프 스완이 전구 개발에 성공했고, 비슷한 시기 여러 명의 고안자가 있었다. 에디슨은 스완의 특허권을 사들여 전구의 빛이 오래 가지 못하는 단점을 보완했다. 그리고 최초로 이를 700시간 이상 지속되는 전구로 개발해 인류를 어둠에서 해방시켰다.

더욱이 그의 전구는 전력회사의 설비에도 맞게 설계 되었다. 상업성과 실용성을 모두 갖춘 것이다. 전선 가설 권리와 배전 시스템도 갖춰 두었다. 조지프 스완이 전구 발명에 멈추었다면, 에디슨은 전력산업을 창출해냈다.

에디슨은 적극적으로 새로운 기술과 특허권을 사들였다.
발명은 물론 특허권에 집중한 그의 전략은
미국을 특허강국으로 만드는데 크게 기여했다.

에디슨의 후예로서, 미키 마우스와 함께 자란
스티브 잡스에서 마크 저커버그까지…
우리는 유전자에 지식재산을 새긴 상대들과
미래를 다투고 있다.

기술에 의한 차별화는 6개월,
지식재산권으로 인한 차별화는 20년 이상.
지식재산권은 기술보다 더 큰 가치를 갖는다.

자신의 발명을 외부기술과 융합해 새로운 가치를 만들다

당시 미국의 과학기술은 유럽에 비해 내세울게 없었다. 유럽의 물리학은 막스 플랑크, 닐스 보어, 퀴리 부부, 아인슈타인 등 천재적인 학자들을 통해 비약적으로 발전하고 있었지만, 미국은 과학기술의 변방이었다.

그런 상황 속에서 에디슨은 과학기술의 상업성과 실용성을 중요하게 여겼다. 그는 외부 기술에 주목했다. 자신의 발명을 외부의 기술과 융합해 또다른 발명과 특허권으로 발전시켜 간 것이다. 특허권을 확장해간 그의 안목은 미국을 응용기술면에서 유럽을 압도할 수 있는 나라로 만드는 데 기여했다.

그 중심에 지식재산권이 있다. 그는 “팔 수 없는 것이라면 발명하지 않는다. 팔린다는 건 유용하다는 증거이고, 유용하다는 것이 곧 성공”이라며 특허 확보에 집중했다.

무형자산이 95%를 차지하는 시대, 에디슨의 특허 전략은 더 중요해진다

보이는 것보다 보이지 않는 것이 더욱 중요해지는 시대다. 2025년이면 S&P500 기업의 무형자산 비중은 전체의 95%에 이를 전망이다. 무형자산 가운데, 기술에 의한 차별화는 6개월에 불과하지만 지식재산권으로 인한 차별화는 20년에 이를 것이라고들 한다. 앞으로는 지식재산권이 기술의 가치를 넘어서고, 기업 간 차별성은 지식재산권에 있을 것이다. 우리에게 발명의 우상인 에디슨이 실험실에 갇혀 홀로 연구에 몰두하기 보다 특허에 집중해 기술과 산업을 변화시켰던 전략은 오늘 그 어느 때 보다 중요해지고 있다.

1928년생으로 올해 만 92세를 맞은 미키 마우스는 지금도 연간 6조원을 벌어들이고 있다.

에디슨의 후예로서, 미키 마우스와 함께 자란 스티브 잡스에서 마크 저커버그까지… 우리는 유전자에 지식재산이 새겨진 상대들과 미래를 다투고 있다.

지식재산을 존중하는 나라,
인류를 진보시키며 패권을 손에 넣었다

15세기 이탈리아의 작은 도시 베네치아엔 과학자들이 몰려 들었다. 새로운 발명품을 만든 사람이 정부에 발명품을 등록하면 다른 사람이 그것을 만들지 못하도록 10년간 독점권을 주어 보호해 준 덕분이다. 최초의 근대적인 특허제도였다. 몰려든 과학자 가운데엔 갈릴레오 갈릴레이도 있었다. 그는 양수기 기술을 개발해 특허권을 따냈다. 특허법이 제정되자 베네치아는 번성한 도시국가가 되어갔고, 다른 나라에도 특허권을 주장하기 시작했다. 특허 제도는 유럽 전역으로 확산되며 르네상스의 불꽃을 지펴갔다.

16세기 영국은 유럽의 강국들에 뒤처지고 있었다. 1624년 튜더왕조는 발명자에게 독점권을 주는 최초의 성문법을 만들어 유럽의 과학자들을 불러 모았다. 제임스 와트의 증기기관과 아크라이트의 방적기 등이 모두 당시 특허법의 산물이었다. 영국의 특허법은 산업혁명으로 이어졌고, 영국은 세계 제일의 제국이 되었다.

18세기 미국은 독립과 함께 헌법에 특허조항을 명시했다. 미국은 특허청 건물에 '특허제도는 천재라는 불꽃에 이익이라는 기름을 붓는다'는 링컨의 말이 새겨 넣음으로써 특허중시정책을 대변하고 있다. 미국의 친특허 분위기는 에디슨을 탄생시켰고 세계경제대국이 되는 밑거름이 되었다. 1980년대, 미국은 특허와 저작권을 무역과 연계해 상대국을 압박하며 보다 강한 특허정책에 돌입했다.

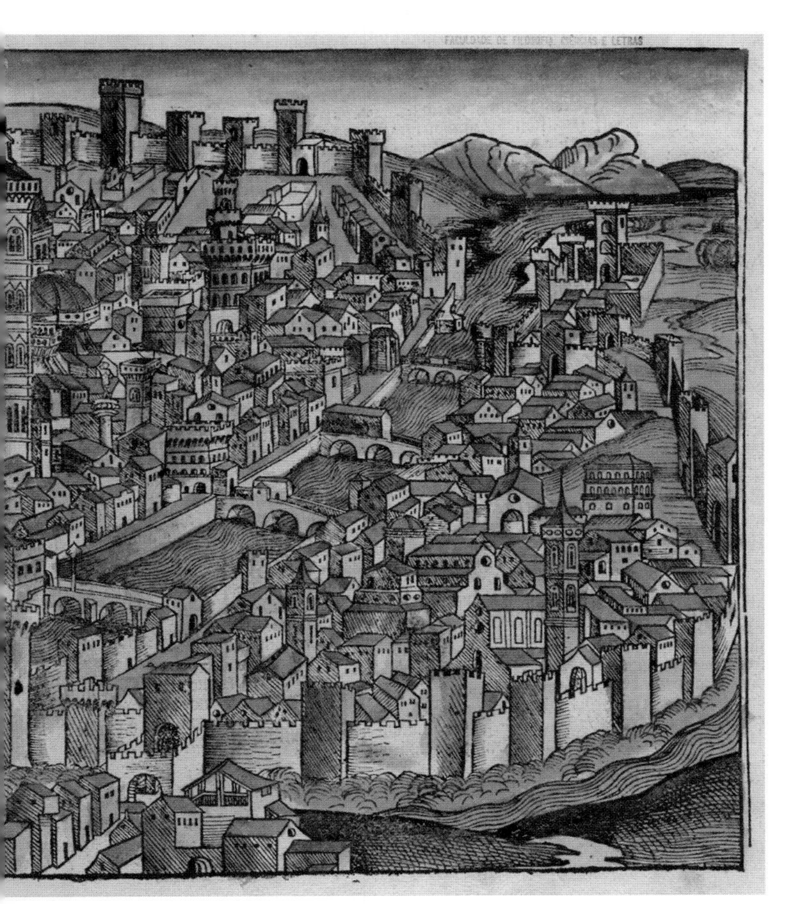

오늘날 세계는 1883년 산업재산권에 관한 '파리협약'과 1886년 저작권에 관한 '베른협약'에 기초해 지식재산의 국제적인 통일성과 조화를 이루고 있다.

이후 1967년 유엔 아래 세계지식재산권기구(WIPO, World Intellectual Property Organization)를 두어 파리협약과 베른협약을 관리하며 세계 184개국의 국제적인 보호와 협력을 도모하고 있다. 1970년부터는 특허협력조약(PCT, Patent Cooperation Treat)을 통해 하나의 출원을 여러나라에서 출원할 수 있도록 국가간 편의를 꾀하고 있다.

한국과 북한은 모두 WIPO와 PCT에 가입되어 있다.

중국 "침해자는 가산을 탕진할 정도로 처벌하라"

중국이 세계에서 지식재산 '보호'에 가장 열심인 나라가 되었다.
38개 부처가 합동으로 지식재산권 신용불량자를 응징한다.
미국의 압박도 크지만
이젠 자국 기업을 보호해야 할 때가 되었기 때문이다.
'중국몽'의 또다른 목표는 '지식재산 강국'이다.

1. 10년 연속 세계 1위의 지식재산 창출대국

2019년은 중화인민공화국의 건국 70주년이자 미국과의 수교 40주년이 되는 해이다. 개혁개방도 이제 막 40년을 넘어섰다. 그 사이 빈곤에 허덕이던 125개의 현이 빈곤퇴치 지표를 달성했다.

그뿐인가, 중국은 9년째 지식재산 창출 세계 1위를 기록 중인 지식재산 대국이다. 중국의 특허 등록 건수는 연평균 21.3%씩 늘었다. 차세대 정보기술, 바이오, 신에너지 등 신흥산업분야는 연평균 15%씩 성장하며 지난 8년간 대부분 성장 목표를 달성했다. 중국에 싱가포르 같은 도시를 1000개 세우는 것이 꿈이라던 덩샤오핑의 꿈은 이루어지고 있는 듯 하다.

특히나 중국은 2017년, "발명특허" 출원에서 세계 1위에 올라섰다. WIPO의 2018년 세계혁신지수에서는 종합지수 17위에 올랐다. 서구가 2세기에 걸쳐 발전시킨 지식재산권 제도를 지식재산권 보호체제를 구축한 지 불과 20년 만에 이루어낸 성과로 평가된다. 지식재산 창출 세계 1위국은 앞으로도 당분간 중국이 차지하게 될 것이다.

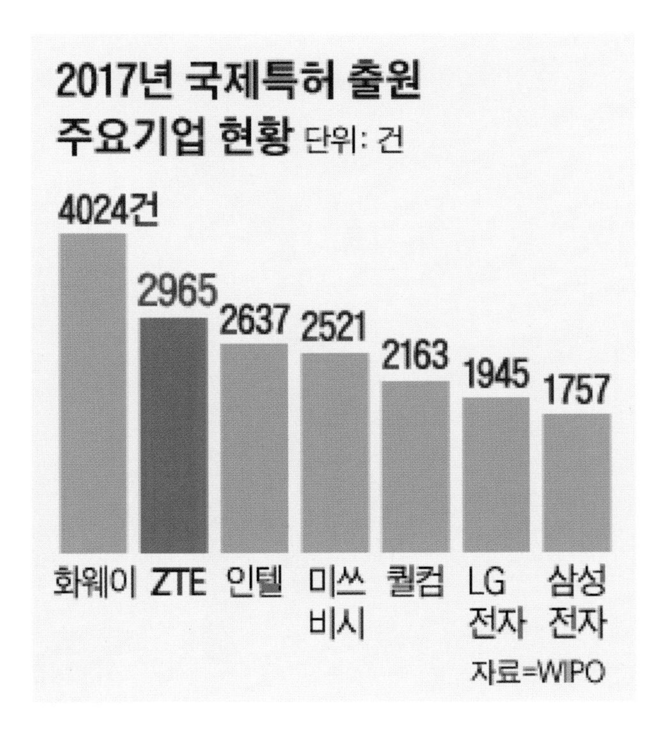

2. 그러나 중국은 여전히 세계 최고의 지식재산 절도국

그러나 중국은 여전히 짝퉁대국이며, 특허침해국이다. 전 세계에서 거래되는 짝퉁 규모는 연간 6천억 달러에 달하는데, 그 절반이 중국에서 만들어지는 것으로 추정된다. 세계 경제를 뒤흔들고 있는 미중무역분쟁의 뿌리도 중국의 지식재산 절도에 있다.

자연 지식재산권 분쟁도 늘고 있다. 광동성에서만도 지난 5년간 지식재산권 분쟁의 85%가 늘었다. 우리 특허청이 2018년 중국 온라인에서 삭제한 한국산 위조상품 게시물만도 2만2천개에 달한다. 월 1300억원 규모의 불법유통을 막은 셈이다. 이들은 상표이름만이 아니라 홈페이지와 제품의 외관까지 그대로 카피했다.

한국제품 중국의 모방품

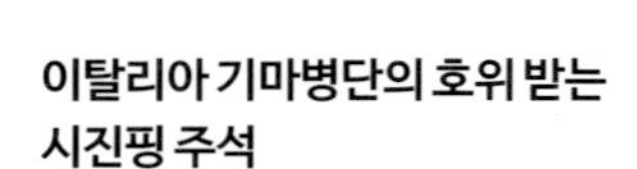
이탈리아 기마병단의 호위 받는 시진핑 주석

이탈리아 기마병단 사열은
군주에게만 제공되는 혜택이었다.
시진핑 주석은 기마병단의 사열을 받았고
이탈리아는 G7 최초로
중국의 '일대일로' 참가를 선언했다.
그러나 세를 불리며
지식재산 창출의 압도적인 G1을 차지한 중국은
여전히 카피캣 짝퉁의 나라다.

3. 시진핑도 나섰다, 지식재산권 신용불량자는 38개 부처가 합동 징계한다

미중무역분쟁이 시작된 후, 시진핑 주석은 여러차례 지식재산권 보호를 강화하라며 목소리를 높였다. “지식재산권 침해자에 보다 강한 징벌적 손해배상제도를 도입하라”는 구체적인 내용이었다. 리커창 총리 또한 “고의적 침해에 가산을 탕진할 정도로 처벌하라”며 강도를 높였다.

중국에선 이제 신용불량의 가장 큰 항목이 지식재산권이다. 인민은행 등 38개 부처가 발빠르게 지식재산권 신용불량 행위를 초강력 공동 징계하기로 했다. 38개 공공기관이 합동처벌을 한다는 것은 사실상 침해자의 경제활동이 불가능해짐을 말한다.

‘이것은 중국산이 아닙니다 (It’s not made in China)’는

남아공의 한 업체 이름이자 제품 이름이다. 중국산의 범람과 불신이 이렇게까지 반영되고 있다. 중국은 10년째 세계 수출 1위를 차지하며 전 지구를 중국산으로 뒤덮고 있다.

4. 지식재산 보호를 위한 중국의 큰 변화들

"중국은 지금 세계에서 가장 열심히
지식재산 보호를 펼치고 있는 나라다.
미국의 압박이라는 직접적인 이유도 있지만
무분별한 특허침해가
중국의 기술혁신 또한 좌절시키기 때문이다."

2018년 중국의 특허침해 적발 건수는 약 7만 7천 건이었다. 전년에 비해 16%가 늘었다. 법제도들이 지식재산 보호 쪽으로 크게 변했기 때문이다. 통과를 눈 앞에 둔 4차 특허법 개정안도 지식재산 보호 강화가 핵심이다. 왜 이렇게까지 적극적일까?

BAT(바이두, 알리바바, 텐센트)는 이미 전세계 출원의 20%를 차지한다. 절대적 양적 우세의 세계이긴 하지만 중국의 특허를 보호해야만 한다. 또한 매년 800여만 명의 대졸자가 쏟아져 나오는 나라가 중국이다. 이들에게 새로운 일자리 만들어 줄 중요 수단이 창업이다. 하루 1만 6500개가 창업한다. 창업이 지속적으로 활발하기 위해서도 지식재산은 보호되어야 한다.

아래, 최근의 변화들은 중국 지식재산 정책의 프레임이 파격적으로 변화하고 있음을 말하고 있다.

- 고의적 특허 침해에 5배까지 징벌적 손해배상 (2018. 12.)
- 특허침해소송 2심을 최고인민법원으로 일원화
  소송의 전문성과 공정성 강화
- '인터넷 플러스' 정책을 강화
  지재권 침해의 원천 실시간 모니터링, 온라인 식별
- '외상투자법' 통과 → 외국인 투자자 지식재산권 보호
- 전자상거래 플랫폼 경영자가 플랫폼 내 지식재산권 침해에
  조치를 취하지 않으면 침해자와 함께 연대책임
- 여러개의 행정기관을 통합해
  중국 국가지식재산권국(CNIPA)으로 확대 강화(2018. 8.)

이처럼 최고지도자의 발언과 실행 속도로 볼 때 중국은 지금 세계에서 가장 열심히 지식재산 보호를 위해 움직이고 있다. 미국의 압박이라는 직접적인 이유도 있지만, 무분별한 특허침해가 중국기업의 기술혁신 또한 좌절시키고 있기 때문이다.

우리나라 게임 한류의 원조인 '미르2'를 만든 위메이드사의 경우, 2018년과 2019년 중국에서 지재권 침해에 승소해 1000억원 이상의 보상을 받게 됐다. 무조건 중국에 유리한 판결을 내리던 몇 년전과 비교하면 상상조차 하기 힘든 판결이다.

심하게 기울어진 운동장이라는 인식을 없애고 자국기업의 이익을 위해 중국의 지재보호 드라이브는 강력해지고 있다. 일대일로 프로젝트에서도 이젠 지식재산 협력이 강조된다. 이탈리아, 스페인, 포루투갈, 프랑스가 중국과 긴밀해지고 있다. 중국의 지재 보호가 새로운 경제도약의 발판이 될 수 있을 것인지 지켜볼 일이다.

지식재산을 뛰어넘은 지식재산 전략

일본은 절박하다

일본의 지식재산전략은
지식강국 대신 '가치 디자인 사회'를 앞세우고 있다.
가치의 핵심은 가장 '일본적인 것'에서 찾아낸다.
경제적 가치를 뛰어넘어 '일본의 특징'을 잘 활용한
'가치'를 창출하는 사회를 만들겠다는 것이다.
그들에게 어떤 변화가 있는 것일까.

1. 많이 달라진 전략과 비전

미 · 중무역분쟁이 한창이던 2018년 6월, 일본은 '지식재산 전략비전 2025-2030'를 발표했다. 이전의 비전과는 많이 다른 내용이었다. 비전서에는 지식재산전략을 앞세우기 보다는 어떻게 하면 미래의 국민이 '행복'할 수 있을지에 대한 고민이 담겨 있었고, 지식재산 강국 대신 "가치 디자인 사회"를 앞세웠다.

2002년 아시아 최초로 국가지식재산전략을 세우며 '지식재산 입국'을 선언했던 일본은 이제 지식재산 입국은 실현됐다고 자평하며 이를 '가치 디자인 사회'라는 새로운 비전으로 업그레이드 시킨 것이다. 뛰어난 원천기술과 지식재산 인력을 키워내면서도 오랜 경기침체에 시달렸던 그들에게 어떤 변화가 있는 것일까.

2. 목표는 '가치 디자인 사회'

그간 일본의 지식재산전략은 지식재산이라는 툴로 일본을 강하게 만드는 것이 목적이었다. 그러나 이번엔 '가치 디자인 사회'라는 국가 전체의 새로운 목표를 먼저 만들고, 지식재산이 이에 기여하도록 했다. 국민 한 사람 한 사람이 지식재산의 주체가 되어 '일본의 특징'을 잘 활용한 '가치'를 창출하는 사회를 만들겠다는 것이다. 다양한 가치가 공존 할 미래사회 속에서 어떻게 하면 많은 사람이 행복을 느끼게 할 수 있을까에 대한 근본적인 물음의 결과물인 셈이다. 일본사회가 나아갈 방향과 지식재산전략을 따로 설정하지 않고, 이를 하나로 묶은 것이기도 하다.

이를 달성하는 핵심 계획은 인재와 비즈니스 육성, 오픈 이노베이션의 가속화, 지식재산 시스템 강화로 단순 집약 시켰다. 그리고 1년 뒤, '2019년 지적재산추진계획'을 통해 그 목표를 추진하는 탈평균, 융합, 공감의 3가지 축을 발표했다.

오픈 이노베이션(Open Innovation)
기업의 자원을 외부와 공유하고 기술과 아이디어를 외부에서 조달받아 제품이나 서비스 등의 혁신을 이뤄내는 것으로 미국의 헨리 체스브로(H. W. Chesbrough가 제시한 개념이다.

3. 근본으로 돌아가 국민의 행복을 생각하다

'지적재산전략본부'의 본부장은 아베 신조 총리. 그가 쏘아올린 금융, 재정, 혁신이라는 3개의 화살이 나름의 성과를 거두며 일본 제조업이 살아나는 모양새다.

그럼에도 불구하고 민간소비는 거의 늘지 않고 있다. 국가부채의 덫은 여전히 일본 경제의 발목을 잡고 있다. IMF에 의하면 2018년 일본의 국가부채는 12조 3700억 달러(1경 4천조원). GDP 대비 253%를 넘어서며 세계 1위를 기록하고 있다. 세계적인 투자가 짐 로저스는 "일본의 미래는 암울하다. 지금 내가 열 살짜리 일본인이라면 즉시 일본을 떠날 것이다"라는 노골적인 표현까지 서슴치 않았다.

이같은 상황에서 이번 '지식재산 전략비전 2025-2030'은 일본의 과학기술 연구 능력이 침체하고 있다며 우려하고 있다. 과학분야 노벨상 수상자 24명을 배출한 일본이 미국, 중국, 한국과 달리 신기술 창출 능력이 낮아지고 있다는 것이다. 박사학위 취득자도 선진국 가운데 일본만 감소하고 있다.

2018년 세계 100대 대학 가운데 일본이 이름을 올린 대학은 도쿄대와 교토대 두 곳 뿐이다. 고령사회의 가속화 또한 헤어날 길이 보이지 않는다. 지식재산전략을 대하는 일본의 인식 변화는 이같은 절박함 속에서 태어났다.

24명의 노벨상 수상자를 배출했지만
일본은 지금 과학기술 능력 저하와
심화되는 고령사회라는 이중의 절망감에 빠져있다.
일본경제를 바라보는 세계의 시선도 밝지 않다.

미국과 중국의 GDP가 일본의 4-5배가 된 오늘,
일본이 선택하고 집중한 것은 '가장 일본다움'이다.

4. 일본다움에 대한 선택과 집중:
〈다양성〉 사회의 〈리얼〉을 향해 〈혁신〉한다

일본은 미국의 GAFA(Google, Apple, Facebook, Amazon)나 중국의 BAT(바이두, 알리바바, 텐센트) 등이 한 국가의 경제 규모를 넘어서고 있는 것에 심각한 위기의식을 느끼고 있다. 대적하기 힘든 글로벌 플랫폼들 앞에서 일본은 일단 강점을 가진 산업분야를 극대화 하자는 4차산업혁명 대응책을 내놨다.

구체적으로 실현하기 어려운 문제들에 대해선 무리하게 당장의 해결책을 제시하지 않는다는, 일본다운 원칙도 세웠다. 태산 같은 국가부채와 심각한 고령사회의 암울한 터널을 벗어나기 위한 현실적인 대응이다.

'가장 일본다움'이란 다양성/ 리얼/ 혁신.

일본의 가치관과 역사 문화를 재발견해 새로운 콘텐츠를 만들고, 첨단기술로 새로운 가치의 플랫폼으로 만들려는 것이다.

일본은 지식재산의 새로운 기본전략을 1.다양성 2.리얼 3.혁신에 두었다. 그들의 리얼이란 실물이나 체험, 진품, 역사, 문화 등을 뜻한다. 일본의 가치관과 역사 · 문화를 재발견해 새로운 콘텐츠를 만들고, 첨단기술로 이를 새로운 가치를 가진 플랫폼으로 만들겠다는 것이다.

관련된 기술로는 AI나 데이터 부문에 집중하고 있다. 만화나 애니메이션 등 일본 문화를 해외에 수출하는 기업을 지원하는 '쿨 재팬(Cool Japan)' 사업도 지식재산전략의 중요한 과제다.

2020년까지 지식재산을 집약한 '올 재팬 디지털 아카이브'도 구축할 계획이다. 개인의 다양성이 커지고 '리얼리티'의 가치가 높아지는 상황에서 일본의 전통과 문화, 선(禪) 같은 일본적인 것에 대한 해외의 평가가 높아지는데다, 최근 5년간 외국인 관광객이 3배 이상 늘어난 것도 이같은 전략에 기여하고 있다.

5. "세계인들이 한 방 먹었다고 느꼈으면 좋겠다"

동일본 대지진과 후쿠시마 원전사고에도 큰 혼란 없이 조용히 일상을 회복해간 저력으로 일본은 지금 4차산업혁명과 지식재산전략에도 조용히 그 핵심에 집중하고 있다.

그러나 그들은 이번 비전서에 스스로 솔직한 심경을 밝히고 있다. 일본 고유의 특징을 살린 가치를 산업과 지식재산으로 연결해 "세계인들이 '한 방 먹었다고' 느꼈으면 좋겠다"는 것이다. 자신들의 전략이 설사 세계시장에서 고립되는 '갈라파고스 현상'으로 비친다 해도 돌격대 정신으로 이를 밀고 나가겠다는 입장이다.

갈라파고스를 두려워하지 않는 돌격대 정신의 바탕엔 일본의 자신감도 깔려있다. 일본은 지난 몇 년 '강한특허 시스템'을 구축했다. 지식재산 무역수지 흑자도 기록하고 있다.

일본 지식재산 전략의 선택과 집중엔 그들의 자신감과, 변화 없인 불가능하다는 절박함이 동시에 들어있다.

그 바탕엔 일본이 지난 10여년간 혁신해온 지식재산 시스템이 자리하고 있다. 일본은 지난 몇 년 사이 특허무효율을 20%대로 떨어뜨리며 강한특허로 전환해갔다. 세계 최고속, 최고 품질의 심사체계라는 목표를 향해 분쟁해결의 전문성과 효율성도 높였다.

2015년 이후엔 385만개에 달하는 중소기업들의 지식재산의 '활용'에 전략을 맞췄다. 12조엔에 달하는 만화 애니메이션 드라마 등 거대한 콘텐츠 시장을 해외로 확대하는 활용전략도 강화했다. 그 결과 지적재산전략본부 본부장 아베 신조 산하의 일본 지식재산 무역수지는 흑자를 기록하고 있다.

지식재산의 안정된 시스템을 갖춘 그들의 자신감과, 변화 없인 불가능하다는 절박함이 동시에 묻어나는 일본 지식재산전략의 선택과 집중–. 그것이 갈라파고스로 가는 길일지 새로운 발돋움일지는 아직 알 수 없다. 그러나 오늘 일본의 변화는 분명 우리에게 한국적 상황에 맞는 지식재산의 핵심전략은 무엇인지, 우리가 보다 집중해야 할 것은 무엇일지 생각해보게 한다.

Part 3

대한민국, 경계에 선 지식재산 강국

많이 만들어 놓고 쓰지 못하는 나라

특허가 많지만 특허도둑도 많다.
특허도둑이 많다보니 특허가 거래되지 않는다.
거래가 안되니 제대로 쓰이질 못한다

특허도둑에 대한 두려움으로
창업도 저조하고 대박특허도 안나온다.
기술탈취에 익숙한 대기업 앞에
중소기업과 스타트업은 무너지고 만다.

4차 산업혁명이라는 큰 흐름 앞에
혁신성장·동반성장은
특허침해로 인한 악순환의 늪에 빠져있다.
혁신의 빈곤이라는 늪이다.

Ansung

특허출원 강국의 뒷모습, 풍요 속의 빈곤

우리나라는 특허출원 세계 4위국이다. 인구당 출원수로는 세계 1위다. 그야말로 발명국가, 특허출원 강국이다. 그러나 이 화려한 외형 속엔 깊은 그늘이 있다. 많이 만들어만 놓고 제대로 쓰지 못하는, 특허 풍요 속의 빈곤이다. 이 빈곤은 어디에 기인한 것일까.

추격형 전략으로 성장해온 우리나라는 그간 특허의 질이 높지 않았다. 만성적인 기술무역수지 적자가 그 현실을 증명한다. 그러나 더 큰 문제는 우리 스스로 우리 특허가 가진 가치를 끌어내려 왔다는 점이다.

그간 귀한 특허를 침해해도 크게 문제 되지 않았다. 대기업이 중소기업의 기술을 탈취해도 당한 사람만 억울할 뿐이라며 접고 들어갔다. 엄연한 도둑질이 만연되었고, 솜방망이 처벌로 도둑들은 방치되고 기승을 부렸다. 슬쩍 해서 써버리면 그만인 특허를 누가 제대로 값을 쳐주었겠나.

〈인구 100만명 당 특허출원수〉

보호가 되어야 제대로 많이 쓰인다

특허는 갖고 있기 위해서가 아니라, 잘 활용하기 위해 만든다. 잘 활용하기 위해 활발히 거래하고, 잘 활용해 경제적인 가치로 바꾸어야 한다. 특히나 일일이 자기가 필요한 특허를 만들어 쓰는 시대가 아니라 외부에서 필요한 자원을 끌어다 쓰는 오픈이노베이션의 시대엔 특허 거래가 더없이 중요해졌다.

거래가 활발하려면 특허가 잘 보호되어야 한다. 특허 침해가 쉬우면 발명자가 큰 피해를 입는 것은 물론 공정 가격이 형성되지 못한다. 그러면 거래도 안되고 결과적으로 활용이 안된다. 창업의지도 꺾이고 만다. 이래저래 혁신이 일어나지 못하는 것이다.

많이 만들어 놓고 그 가치를 인정받지 못해 쓰이지 못하는 대한민국 특허. 그것을 믿고 은행이 돈을 빌려줄 리가 없다. 활발하게 거래되고 활용될 리도 없다. 시장과 금융이 외면하고, 창업은 저조해지며, 땀흘린 특허권리자는 망해 나가던 것이 특허출원 강국의 현실이었다.

양적 성장에 급급해 저렴한 특허를 양산해 온 점도 특허 거래 활성화를 막는 요인이었다. 특허거래가 저조하다는 것은 혁신의 시대에 아직도 오픈이노베이션 문화가 없다는 것을 증명하는 일이다.

2019년 한국의 지식재산지수는 더 낮아졌다

미국 상공회의소 산하 기관에서 발표한 '2019년 국제 지식재산지수'에서 한국은 13위로 기록됐다. 2018년도에 비해 두 단계 하락했다. 전 세계 GDP의 90%를 차지하는 50개 국가를 대상으로 45개 평가 지표를 측정한 결과다.

순위가 낮아진 원인으로는 지식재산 침해에 따른 손해배상액 산정 문제와 외국인 지식재산권자에게 시장 장벽이 있다는 점이 지적됐다. 특히나 영업비밀 분야에선 17위, 지식재산의 상업화 분야에서 29위로 하위권에 머물렀다. 우리와 경쟁하는 일본과 싱가포르는 상위 10위 안에 들었다.

문제는 "보호"다

왜 지식재산이 보호되지 않았을까.
지식재산 절도에 관대해 왔기 때문이다.
특허권이 무효가 되는 일이 많았기 때문이다.

존중되지 못하는데, 보호 될 리가 없다.

지식재산 ‘절도’에 관대해온 나라

왜 특허침해가 만연되어 왔을까. 특허침해는 엄연한 절도죄인데도 처벌에 관대했던 오랜 관행 때문이다. 처벌이 약하고 배상액이 턱없이 낮다보니 특허기술이 필요하면 침해해서 쓰는게 이익이라는 인식이 오랫동안 지배해온 것이다. 과거 추격자 시절의 흔적이다.

2010년 1월–2017년 4월까지 특허와 실용신안 침해소송 1심의 78개 전체 판결에서 특허의 손해배상액 중앙값은 5000만원. 인용률 중앙값은 48.69%로 특허권자가 원하는 배상액의 절반 정도가 판결됐다. 실용신안권 또한 손해배상액 중앙값이 5780만원으로 큰 차이가 나지 않았다. 특허권자와 법원이 생각하는 금액 사이에는 여전히 괴리가 있었던 셈이다.

이같은 손해배상액 수준이 적절한가에 대해서는 법조인 등 전문가와 현장의 중소기업인들 사이에 의견이 나뉘고 있다. 여러 가지 변수가 있으니 명목상 금액만으로 손해배상액의 많고 적음을 따질순 없다는 의견이 있는가 하면, 피해 중소기업들은 아직 손해배상액이 많이 부족하고 소송에 이기기도 쉽지 않다는 불만을 제기하고 있다. 실제 2003~2017년 9월까지 산업재산권 침해사건의 1심 판결 1,418건 중 패소와 각하가 463건, 취하가 305건이나 되었다.

다행히 2019년 7월부터 징벌적 손해배상제도가 실시되어 손해배상액이 현실에 맞게 보다 높아질 것이라는 긍정적인 변화가 기대되고 있다.

특허권을 내주고 무효로 만드는 모순

특허출원 대국의 또다른 아이러니는 높은 무효율이다. 분명 정부기관에서 내준 특허인데, 분쟁이 생기면 그 특허의 절반 가량이나 "이 특허, 무효입니다!" 하는 판정이 내려져 왔다.

2018년 한국의 특허 무효율은 45.6%이나 됐다. 미국 25.2%, 일본 약 21%에 비해 현격히 높다. 심사가 부실하기 때문이다. 심사문제가 아니라면 법원에서 마구잡이로 무효판정을 내렸다는 의미일 것이다.

가장 기초가 되는 특허 심사를 철저히 하는 것이 무효율을 낮추는 출발점이다.

특허심사 처리기간은 선진국 수준으로 빠르다.
그러나 심사 품질은 높지 않다.
심사 인력이 부족해
초스피드 심사를 하기 때문이다.

심사 품질이 낮으니 보호 수준도 낮다.
지식재산의 활용 가치가 떨어질 수밖에 없다.

심사관을 늘리는 것이 급선무다.

초스피드 심사라는 부실 심사

그런데 왜 한국의 특허심사는 부실한가? 심사 물량에 비해 심사인력이 부족해서다. 전문분야별 박사급 비중이 어느 나라보다 높은, 세계에서 가장 수준 높은 심사관들을 두고 있지만, 그 숫자가 턱없이 부족하다 보니 초스피드 심사를 한다. 심사 시간이 짧으니 제대로 된 심사를 할 수가 없다. 결과적으로 특허 품질이 개선되지 못한다.

2017년, 우리보다 한참 늦게 특허시스템을 갖춘 중국에선 심사관 한 명이 1년에 76건을 심사했다. 미국은 79건, 유럽 57건, 일본은 168건을 심사했다. 반면 한국 심사관의 심사 건수는 205건. 법정공휴일을 다 빼면 한국의 심사관은 거의 하루에 한 건씩 그 복잡하고도 난해한 특허를 심사하는 신공을 발휘한 셈이다.

부실한 내용은 특허를 내주지 말자

특허무효율을 낮추는 방법은 두 가지 뿐이다. 변리사들이 충실히 출원서를 쓰는 것과, 적정수의 심사관들이 정확하게 심사해 부실한 대상들을 걸러내는 것이다.

특허는 발명자, 변리사, 심사관의 합작품이다. 최종적으로는 게이트 키퍼로서 심사관의 역할이 더없이 중요하다.

우리나라는 해마다 심사 목표치를 정해놓고, 이를 심사관수로 나누어 처리한다. 심사할 건수가 많아지면 심사관들이 처리해야 하는 몫이 늘어나는 식이다. 그러나 미국, 중국, 유럽특허청은 1인당 처리 할 수 있는 건수를 먼저 따져서, 필요하면 심사관수를 늘린다. 그 결과 그들은 우리의 3분의 1 수준인 1년 70건 안팎을 처리하고 있다.

빠른 심사 보다 정확한 심사

"이제는 심사관이다"

선진국에선 심사할 양이 많아지면
件당 심사시간을 줄이는게 아니라 심사관을 늘린다.
중국도 10년 사이 심사관을 5.6배나 늘렸다.

심사관 부족이 낳은 부실 특허의 피해자는
결국 국민 모두다.

답이 나왔는데 왜 심사관을 늘리지 못하냐고?

우리나라의 특허 심사관 수가 부족하다는 것은 특허와 관련된 모든 이들이 지적하는 점이다. 그런데도 이 문제는 왜 개선되지 않는 것일까?

사실 어려운 일도 아니다. 심사관을 더 뽑으면 되는 일이다. 특허청엔 그럴만한 재원도 있다. 하지만 문제는 특허청 스스로 심사관을 늘릴 권한이 없다는 점이다. 인력을 늘리자면 행정자치부의 승인이 있어야 하고, 인력 확충에 예산을 쓰려면 기획재정부의 승인이 있어야 한다. 행자부와 기재부의 승인을 받으면 되지 않느냐고? 쉽게 이해되지 않지만, 바로 그 승인이 나지 않는 것이다.

인력 확충은 각 부처마다 요구하고 있는, 부처간 이해가 걸린 문제다. 부처간 이해 속에서, 한국 특허의 사활이 걸린 심사관 숫자 늘리기라는 절박한 과제는 해결되지 못한채로 크나큰 국가적 손실로 이어지고 있는 것이다.

심사관 숫자가 심사품질이다

우리나라가 심사관 수를 늘리지 못해 심사품질이 뚝뚝 떨어지고 있는 사이, 중국은 2017년까지 10년간 심사관을 5.6배나 늘렸다. 최근엔 시진핑 국가주석까지 직접 나서 특허심사 품질을 높일 것을 강조하고 있다. 일본은 심사관 외에 은퇴한 박사급 조사관 2,400여명을 두어 한 달에 5건 미만을 조사하면서 심사관을 서포트 한다.

한국의 높은 특허 무효율은 심사관 수를 늘리지 않고는 해결할 수 없다. 앞으로 4차산업 혁명 관련 융복합기술 특허출원이 늘면 심사관은 더 많이 필요할 것이다. 심사관을 늘리고 선행기술 검색 시간을 늘려야 한다. 2018년까지 5년간 무효처리 된 특허 1337건 가운데 95%인 1272건이 선행기술 때문이었다. 선행조사가 미흡했다는 의미다.

4차 산업혁명시대, 지식재산 보호가 더 절실해진 3가지 이유

첫째, 새로운 융·복합 기술이 폭발한다 보호해야 할 지식재산도 급증한다

4차 산업혁명으로 인한 기술의 융 · 복합시대다. 관련 특허는 폭발적으로 늘고 있다. 변화의 속도는 빠르고 영향력은 광범위하다. 지식재산 '보호'에 대한 수요 또한 급증하고, 지식재산의 가치는 어느 때보다 높아지고 있다.

AI 창작물, 빅데이터와 3D 프린터 등이 쏟아내는 결과물들은 기존의 제도로 보호하는데 한계가 있다. 특히나 한국의 지식재산 법체계는 인간행위를 전제로 하기 때문에 현재까지는 AI 창착물을 보호하지 못한다. 빅데이터 활용은 개인정보 보호에 부딪히기도 한다. 3D 프린터와 관련한 지식재산권 침해 역시 경계가 모호하다.

4차 산업혁명이 만들어내는 디지털 정보는 복제와 유통도 쉽다. 지식재산권 침해의 문제는 그 영역과 책임이 더없이 복잡해지고 있는 것이다. 어쩌면 머잖아 지식재산법 전반의 개선이 필요할 지도 모른다. 새로운 국제협약이 필요 할 수도 있다.

4차 산업혁명 시대의 더 많은 혁신을 위한 가장 기본 조건은 지식재산의 기초적인 보호 수준을 높여놓는 일이다.

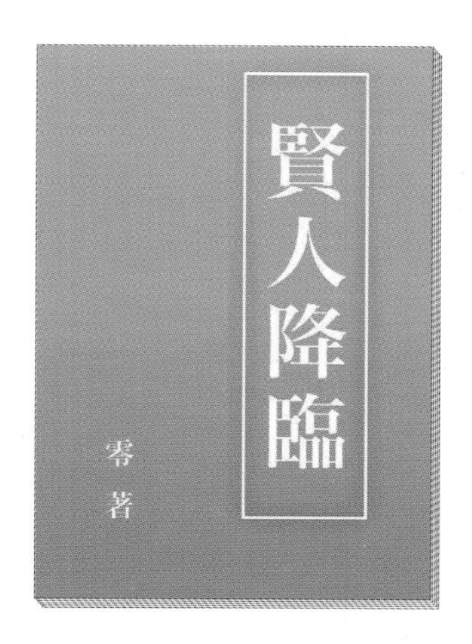

일본의 AI가 써서 상업 출판된 소설 '현인강림'

후쿠자와 유키치의 '학문을 권함', 나토베 이나조의 '자경록'을 학습한 AI가 성공이란 무엇인가, 인간이란 무엇인가 등 5가지의 주제에 답하는 내용이다.

AI가 그린 초상화 '에드몽 데 벨라미'

2018년 뉴욕 크리스티 경매에서 앤디 워홀의 작품보다 비싼, 약 5억원에 팔렸다. 14-20세기의 초상화 1만 5천점을 학습하고 그려냈다. AI의 창작물은 저작권이 인정되지 않는다.

둘째, 개방되고 공유될수록 '보호'가 중요하다
길목은 지키고, 시장은 넓힌다

특허개방은 특허보호와 반대되는 개념이 아니다. 특허를 더 많은 기업들이 사용하게 하면 기술 가치를 높이고 시장을 넓힐 수 있다. 이로써 시장의 주도권을 갖고자 하는 것이 특허개방의 목적이다. 그러자면 개방할 것은 개방하고 보호할 것은 확실하게 보호해야 한다.

그렇게 되면 또다른 창출을 만들고 시장을 열 수 있다. 규제문제 같은 복잡한 문제에 공동 대처할 수도 있고 기술표준화를 달성할 수도 있다. 상생의 의미도 있다.

개방과 공유의 시대에
길목을 지키는 핵심특허는 더 철저하게 보호한다.
특허가 개방될수록
강한특허는 더 가치가 높아진다.

개방과 공유를
함께 자라나게 하는 뿌리는
지식재산 보호다.

4차 산업혁명으로 기술혁신에 더 많은 개방화가 필요해졌다. 개방형 혁신(Open Innovation)을 통한 기술융복합과 공유경제로 나아가고 있기 때문이다. 이와 관련해 지식재산을 무상으로 공개하는 기업들이 늘고 있다.

삼성전자는 최근 반도체, 가전, 디스플레이, 모바일 기기 등의 관련 특허 992건을 공개했다. 이슈가 되고 있는 미세먼지 관련 기술도 포함됐다. 삼성그룹은 이미 2015년 3만 8천여건의 특허를 공개한 바 있다. 같은 해 LG전자도 5만 2천여건에 달하는 특허를 협력사에 이전했다. 최근에는 LG디스플레이가 5105건의 특허를 협력사에 지원했다. 일본의 도요타도 전기차 관련 특허 2만 3740건을 오는 2030년 말까지 무상으로 공개한다. 왜일까?

특허를 공개하는 기업들은 관련 기술의 길목을 지키는 핵심특허는 보다 철저하게 보호한다. 개방을 통해, 진짜 '보호'를 하는 것이다. 이는 '보호'의 개념을 개방과 공유시대에 맞게 넓히는 일이다.

따라서 특허가 개방 될수록 강한 특허는 더욱 가치가 높아진다. 개방과 공유는 '보호해야 할 특허는 반드시 보호한다'는 확실한 신뢰문화가 있어야 혁신을 가속화 시킬 수 있다. 개방과 공유를 자라나게 하는 튼튼한 뿌리는 철저한 지식재산 보호다.

셋째, 성장의 한계를 돌파해야 한다 답은 지식재산 파워다

국민 소득 3만 달러 시대의 대한민국. 그러나 양극화는 심화됐고 고령화 속도는 세계에서 가장 빠르다. 기업은 투자하지 않고, 내수는 늘지 않는다. 성장 동력은 약해져 있다.

이는 한국만의 문제가 아니다. 저성장은 세계적인 뉴노멀이 되었다. 돌파구는 오로지 4차 산업혁명을 통한 혁신경제다. 다행히 4차 산업혁명이라는 기회 앞에 한국은 늦지 않은 편이다. 산업연구원은 사물인터넷(IoT), AI, 빅데이터 등 4차 산업혁명 주요 기술의 경제적 부가가치는 2025년까지 최소 1경 4000조원, 최고 4경 원까지 달할 것으로 내다보고 있다.

구글, 애플 등 세계적인 기업들의 핵심역량은 지식재산권이다. 그들은 생산은 물론 연구개발도 오픈이노베이션을 통해 외부 역량으로 해결한다. 그리고 지식재산권에 집중한다. 지식재산권은 가장 중요하게 차별화 되는 핵심역량이다. 지식재산권을 가진 스타트업이 그렇지 않은 기업보다 성공률이 35% 정도 높은 것으로 나타났다.

질 높은 지식재산에 국가 경제의 미래가 달려 있다. 지식재산 보호라는 토대가 마련되어야 과학기술에 투자가 되고 인재가 몰려든다. 성장의 한계를 돌파하고 4차 산업혁명의 열매를 수확할 수 있는 출발점은 지식재산 보호이다.

지식재산 보호는
단순히 권리자 보호가 아니다.
한국 경제를 보호하는 일이다.
국가 혁신을 일으키는 일이다.
4차 산업혁명이라는 기회 앞에
한국의 출발은 늦지 않았다.
모든 가능성이 열려있다.

대한민국 지식재산의 지형도를 바꾸는 중요한 결실들

지식재산의 가치가 높아지고 있다

지식재산이 제 역할을 해야 혁신과 창업이 활발해지며 나라와 국민이 산다. 특허의 신뢰성과 가치를 높이기 위하여 지난 몇 년 치열한 노력과 굵직한 성과들이 있었다. 거기엔 민간의 노력도 컸다.

2014년에 출범한 '국회 세계특허(IP)허브추진위원회'는 가장 토대가 되는 지식재산 '보호'의 중요 아젠다들을 제시해왔다. 그리고 이를 법원 · 정부 · 민간위원 및 19대 국회의원 70명, 20대 국회의원 65명과 함께 새로운 법안들로 탄생시켰다. 지식재산 강국의 꿈이 구체화 되어가는 시간이었다.

2015년

특허소송 관할집중제도, 판결의 전문성을 높이다

특허침해 민사소송의 2심을 특허법원 한 곳으로 일원화 했다. 1심 재판은 5곳으로 집중했다. 이로써 1,2심 재판이 81곳에서 이뤄지던 이전에 비해 판결의 전문성을 한층 높이게 됐다.

특허법원의 법관을 늘리고 근무기간도 늘렸다. 기술조사관 등 보조인력도 늘리고 있다. 관할집중제가 적용된 2016년, 서울지방법원의 지식재산합의사건이 143% 급증했다.

관할이 흩어져 있는 특허침해 가처분 사건, 부정경쟁 및 영업비밀 침해, 특허 형사소송도 판결의 전문성을 높이기 위한 보완이 필요하다.

2016년

증거제출 명령 확대, 침해 입증이 한결 쉬워졌다

그동안은 특허권자가 자신의 손해액을 입증하기가 너무나 어려웠다. 모든 증거가 침해자에게 있는데, 영업비밀이라며 침해자가 증거 제출을 거부할 수 있었기 때문이다. 그러나 그것이 진짜 영업비밀인지 아닌지를 법원이 판단할 수 있도록 문서 제출이 의무화 됐다. 특허침해와 그로인한 손해액을 보다 정확하게 판단할 수 있게 된 것이다.

제출 대상이 서류에서 '자료'로 확대되어 동영상, 견본품 등도 유용한 근거자료가 된다.

법원이 명령을 내려도 자료를 제출하지 않으면, 법원은 특허권자의 주장을 그대로 인정할 수 있다. 실제 2017년 9월, 자료제출명령에 따르지 않은 사안에서 원고가 청구한 전액이 손해액으로 판결 됐다. 2016-2017년 사이, 손해배상액의 중앙값은 7600만원에서 2억 4300만원으로 3.2배 늘었다. 평가 기간이 짧긴 하지만 관할집중과 증거제출명령이 가져온 의미있는 변화이다.

2017년

국제재판부 설치, 글로벌 지식재산 리더십의 첫 발을 내딛다

국제재판부가 설치되어 외국어로 재판 하고, 증거제출과 판결문도 외국어로 제공할 수 있게 됐다. 국제사건을 유치해 사법부의 전문성을 높이고, 그 능력을 대외적으로 알려 지식재산의 국제적인 리더십을 갖는데 기여하게 된 것이다.

지식재산은 다른 법적 분쟁과는 달리 한 나라의 판결이 다른 나라의 판결에 크게 영향을 미칠 수 있다. 다른 나라의 판결에 영향을 미칠 수 있는 나라가 지식재산 사법의 리더십을 갖게 된다. 국제재판부는 2018년 5월부터 운영되고 있다.

2018년

손해액의 3배까지 '징벌적 배상제' 지식재산 보호와 활용의 새 장을 열다

〈징벌적 배상제〉

우리나라에선 법에 걸리더라도 특허를 침해하는게 이익이었다. 손해배상액이 턱없이 낮았기 때문이다. 그러나 2019년 7월부터 특허 침해에 대한 손해배상이 강화되어 '일단 침해하고 보자'던 인식에 쐐기를 박았다. 이젠 고의적으로 특허권이나 영업비밀을 침해할 경우 손해액의 3배까지 손해배상액을 물릴수 있다. '낮은 손해배상액'으로 인해 지식재산이 대접받지 못하고 국가 혁신을 저해해 온 악순환의 고리를 끊는 중요한 계기이다.

그 외,
〈실시료 합리적 기준으로 배상〉

그간 실시료(로얄티)는 업계의 통상적인 금액으로 매겨왔다. 그러나 이제 각 특허기술의 가치에 맞게 합리적으로 실시료를 계산한다. 실제 통상적인 금액이란 관련 라이선스가 많을 때라야 계산이 가능하다. 그러나 현실에선 거래가 많은 경우가 적은 편이고, 아예 거래가 없는 분야도 많다.

실시료를 합리적 금액으로 바꾸면 새로운 특허의 가치가 인정될 수 있다. 그에 기준해 배상액도 그만큼 높아질 수 있다.

〈침해자의 실시방법 제시 의무화〉

특허 침해는 침해자의 공장 안에서 이뤄진다. 그러나 특허 침해의 증거가 침해자의 공장 안에 있는데도, 침해 입증은 특허권자가 해야 했다. 그러니 상대방이 "나는 특허권자와 다른 방법으로 만들었다"며 침해 사실을 부인해 버리면 침해를 입증하기가 어려웠다.

이제 침해자는 '자신이 특허권자와 다른 방법으로 만들었음'을 입증해야 한다. 정당한 이유없이 이를 거부하면 법원은 권리자의 주장을 그대로 인정하기로 했다.

〈영업비밀 요건 완화〉〈기술유출 징벌 강화〉

그간 중소기업들은 중요 기밀 정보가 유출되어도 영업비밀성을 인정받지 못하는 경우가 많았다. 영업비밀에 대한 인식이나 보호시스템이 부족해 영업비밀 관리요건을 충족하지 못했던 탓이다.

그러나 이제 그 보호 범위가 넓어졌다. '합리적인 노력'이 없었더라도 비밀로 유지되었다면 영업비밀로 인정받을 수 있다.

이와 함께 국내외 기술유출에 대한 형사처분이 확대되었고, 처벌 수위도 강화됐다.

> "
> 징벌적 배상제는 지식재산 보호를 넘어
> 지식재산의 가격과 가치를 높이는 일이다.
> 지식재산 금융과 거래를 활발하게 하며
> 혁신성장이 가동되는 출발점이다.
> "

손해배상 범위 확대 손해배상액 현실화에 한 발 다가서다

〈손해배상의 범위, 침해자의 제품판매량으로 확대〉

"징벌적 배상제"는 왜 그토록 중요할까

지식재산 보호를 막는 가장 큰 걸림돌은 손해배상액이 너무나 적다는 것이었다. 아무리 연구와 특허출원 등에 많은 비용을 들였어도, 턱없이 부족한 손해배상액을 받자고 긴 시간 힘겹게 침해소송을 벌일 이유가 없고, 나아가 특허출원의 필요성에 회의를 느끼기까지 했다.

징벌적 배상제는 이를 해결하고, 침해 예방 효과까지 있는 획기적인 변화다. 무조건 많이 배상해야 한다는게 아니다. 손해배상이 적절히 되어야 특허를 출원하고 유지할 당위성이 생긴다는 것이다.

그 효과는 단순히 지식재산 보호에 머물지 않는다. 징벌적 배상제는 결과적으로 지식재산의 가격을 높이게 된다. 침해시 더 많은 액수를 물어야 하기 때문이다.

지식재산이 더 높은 값을 받게 되면 지식재산을 담보로 하는 지식재산금융이 활성화 된다. 지식재산에 대한 신뢰가 높아져 거래도 활성화 된다. 그 많은 지식재산을 만들어 놓고도 활용하지 못했던 안타까운 악순환의 생태계가 선순환으로 전환되어 비로소 혁신성장을 가동시키게 되는 것이다.

지식재산의 관점에서 산업을 바라보면 이처럼 혁신을 향한 중요한 출구를 만나게 된다.

"징벌적 배상제"는 진정한 해결사인가

"손해배상액 3배까지"라는 징벌적 손해배상이 실시되지만
여전히 큰 숙제는 손해배상액이 커져야 한다는 점이다.
무슨 의미일까?
손해액이 제대로 계산되어야 그 3배 배상도 의미가 있는데
아직 손해배상액 자체가 제대로 계산되지 못한다는 얘기다.

손해배상액, 1배가 커져야 3배도 커진다.
우리 앞엔 '손해배상액 1배 현실화'라는 큰 숙제가 남아 있다.

손해배상액 현실화를 향한 더 큰 변화

첫째, 손해배상액 현실화 ➡ "침해자의 이익이 권리자의 손해다"

이제까지 특허 침해의 손해배상은 유형자산이 중심이 되던 시절의 기준으로 이뤄져 왔다. 눈으로 확인할 수 있는 손해, 즉 권리자가 손해 본 만큼 되돌려 받는 방식이다. 그러나 눈에 보이지 않는 무형자산이 중요해진 시대다. 과거의 손해 기준은 세상의 변화에 맞게 바뀌어야 한다.

지식재산이라는 무형자산을 침해했을 때엔 얻은 이익만큼이 침해한 양이다. 얻은 이익만큼 권리자에게 돌려주어야 하는 것이다. 이것이 법이 말하는 '권리자가 실현할 수 있었을 것으로 보이는' 이익이기도 하다.

징벌적 손해배상제가 시작됐지만 그렇다고 손해배상액 자체가 합리적으로 산정되고 있는 것은 아니다. 손해액은 권리자가 본 손해액이 아니라 침해자가 얻은 이익액이 되어야 한다. 손해를 바라보는 새로운 관점이 필요하다.

지식재산 침해자는 권리자 보다 많은 양을 생산하며 훨씬 많은 이익을 볼 수 있다. 예를 들어 100개의 생산능력을 가진 중소기업의 특허를 대기업이 침해해서 1만개를 만들어 이익을 얻었을 때, 대기업은 얼마치를 배상해야 할까. 대기업은 100개만큼이 아니라 자기가 이익을 본 1만개의 이익을 배상해야 한다. 즉 권리자의 생산 능력과 관계 없이, 침해로 얻은 전체 이익을 권리자에게 돌려주어야 한다.

이를 보다 명확하게 하기 위하여 현재 '..침해자의 이익으로 추정한다'는 법조문을 '침해자의 이익으로 간주한다'로 바꾸어 침해자의 반증 여지를 없애고, 소송을 명쾌하게 간략화 할 수 있도록 해야 한다. 대기업이 중소기업의 생산능력 한도 내에서만 손해 배상하는 단서조항도 없애야 한다.

독일을 비롯한 선진국들은 이미 특허에 대한 권한 없이 침해로 이익을 얻었다면 이를 모두 권리자에게 배상하라는 손해배상제도를 시행하고 있다. 손해배상이 확실하게 이루어져야 시장이 작동한다. 손해배상액이 현실적으로 책정되지 못하면 여전히 '빨리 특허를 베껴서' 팔아먹는게 이익이라는 인식은 사라지지 않을 것이다.

2020. 5. 20.
특허법 일부 개정안 통과(박범계 의원 발의)
특허권자의 생산능력 범위내에서만 인정하던 손해배상을 침해자의 제품판매에 대해서도 손해배상 인정하기로 개정, 손해배상의 범위를 확대했다.

둘째, 비용입증책임 전환 ➡ "정확한 손해액, 침해자가 직접 계산하라"

유형자산은 권리자가 손해를 정확히 알고 있다. 그러나 무형자산은 권리자가 자신의 손해를 정확히 알기가 어렵다. 침해자에게 침해의 모든 증거가 있기 때문이다. 침해자가 영업비밀을 내놓도록 바뀌었지만, 손해액 산정을 위한 증거수집은 여전히 쉽지 않다.

이를 해결하기 위해선 침해자가 자신이 이익을 본 물건의 비용(원가)을 입증하도록 해야 한다. 비용입증 책임을 권리자에서 침해자에게로 넘겨, 손해액 산정을 정확하게 하기 위한 것이다.

이 또한 독일 등 선진국에서는 이미 시행되고 있는 제도다. 그러나 우리나라는 이번 회기에도 법안이 통과되지 못했다. 본 법안은 민사소송의 기본이 흔드는 내용이라는 법원의 반대에 부딪혀 있지만, 정확한 손배액 계산을 위해선 반드시 필요하다는 것이 특허관계자들의 주장이다.

세째, 그 외, ➡ 징벌적 손해배상제, 상표법과 디자인보호법까지 확대

* 2019. 12. 발의

무한팽창하는 한국의 <콘텐츠 지식재산>
파란불과 빨간불이 동시에 켜졌다

한류라는 용어가 처음 나온 것은 1997년 중국에서였다.
1차 K드라마에서 2차 K팝으로 옮겨붙은 한류 열기는 이제 3차 한류붐으로 이어지고 있다.
3차 붐은 한국 콘텐츠 총공세로 일컬어진다.
한류붐이 일으킨 한국의 문화가치와 경제가치의 확산은
지식재산과 어떻게 연결되고 있을까.

조선 갓이 불러온 '오 마이 갓!'

세계인들에게 갓 열풍이 불어닥친 것은 2019년 1월. 세계적인 동영상 스트리밍사 넷플릭스의 오리지널 시리즈 〈킹덤〉이 공개되면서다. 모자 이름이 '갓(GOD)'이라고?! 조선판 좀비 스릴러에 등장한 갓과 정자관에 세계의 젊은이들이 매료됐다. SNS상에선 '모든 사람이 끝내주는 모자를 쓰고 있다'며 킹덤에 환호했고, 거대 공룡 넷플릭스는 그 위력을 증명했다. 한국문화의 다양한 가치를 알리며 한류가 팽창해가고 있다.

21세기의 비틀즈, 비틀즈를 넘어서다

팝의 본고장, 꿈의 무대라는 영국 웸블리 스타디움에서 방탄소년단(BTS)은 마침내 비틀즈를 넘어섰다. 세계 주요 도시 순회공연은 매번 새로운 기록을 세웠다. 유튜브와 SNS에는 BTS가 방황하던 자신의 인생을 바꾸어 주었다는 감동어린 찬사가 끝없이 올라왔다. BTS의 메시지는 하나의 '세계관'으로 통한다. 이 시대 글로벌 청춘들의 새로운 세계관이 노래와 춤을 넘어서 그들의 감성을 움직이고, 팬덤 '아미(ARMY)'를 통해 보다 깊숙이 전파되고 있다.

BTS는 2015년 극에 달했던 일본의 혐한 문화, 2016년 사드사태로 시작된 중국의 한한령을 모두 뚫어냈다. 빌보드200에 한 해 동안 3종류나 되는 음반이 1위를 차지하는 기록도 세웠다. 유튜브에선 세계에서 가장 빠르게 뮤직비디오 1억뷰를 달성했다. 37시간 만이었다. 앞선 기록보다 두 배나 빠른, 좀체로 깨기 힘든 기록이다.

"BTS가 나를 다시 태어나게 했다."
전세계 청춘들이 해방, 연대, 희망으로 이어지는
거대한 팬덤으로 엮여지고 있다.
'선한 영향력'을 퍼뜨리는 한국의 위대한 자산이 팽창하고 있다.

SNS와 유튜브로 전파되는 '선한 영향력'의 위력

BTS를 비롯한 K팝의 확산에는 국경없는 SNS와 유튜브가 있다.

유튜브는 91개국에서 매월 20억 명 이상이 이용한다. 2018년 말 현재 1분마다 400시간 분량이 업로드 되고, 세계인은 하루 10억 시간 동안 유튜브를 본다. 국내에서도 2년새 3배가 늘어 월 289억 분을 시청한다. 일상이 되어버린 유튜브는 새로운 문화와 비즈니스를 만들어내는 메타문화다.

유튜브와 SNS로 퍼져나간 BTS의 메시지는 무한경쟁에 몰린 청춘세대에게 해방을 맛보게 하며 국경을 넘어 연대하게 한다. 이전에는 없던, 이른바 '선한 영향력'을 퍼뜨리는 독특한 팬덤현상이다.

BTS를 통해 해방, 연대, 희망으로 이어지는 전 세계의 팬덤은 한국의 거대한 자산이다. 아이돌그룹 기획사들은 독립된 스토리텔링팀을 운영하며 지식재산권을 활용하는 콘텐츠 비즈니스를 발전시켜 가고 있다.

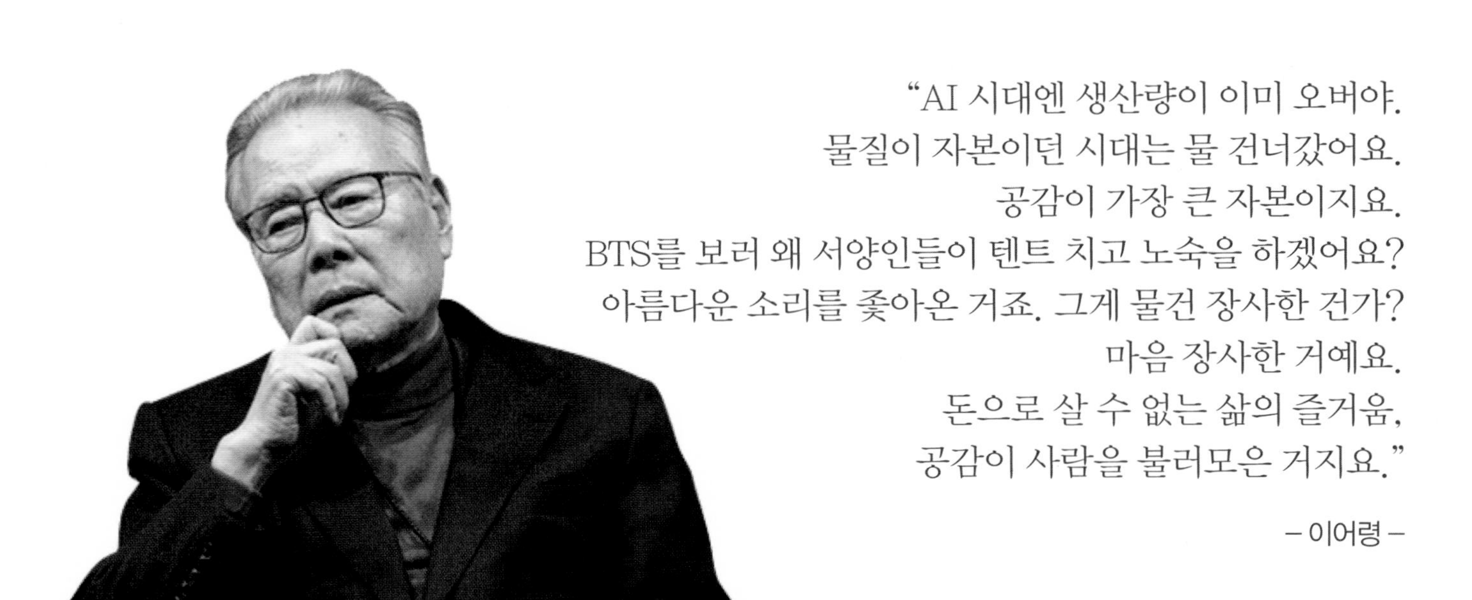

"AI 시대엔 생산량이 이미 오버야.
물질이 자본이던 시대는 물 건너갔어요.
공감이 가장 큰 자본이지요.
BTS를 보러 왜 서양인들이 텐트 치고 노숙을 하겠어요?
아름다운 소리를 좇아온 거죠. 그게 물건 장사한 건가?
마음 장사한 거예요.
돈으로 살 수 없는 삶의 즐거움,
공감이 사람을 불러모은 거지요."

– 이어령 –

조선일보 2019. 10. 19

지식재산권을 활용하는 콘텐츠 비즈니스의 팽창

BTS의 경제적 효과는 엄청나다. BTS가 소속된 빅히트엔터테인먼트는 2019년 5879억 원의 매출과 975억 원의 영업이익을 기록했다. 가장 주요한 성과는 공연 관람 방식을 다변화 시킨 일이다. 극장에서 공연을 생중계하는 '라이브 뷰잉'과 모바일 · PC로 본 '라이브 스트리밍' 관람객이 각각 41만 명과 23만 명이었다. 공연을 바탕으로 한 영화와 다큐멘터리 등 파생 콘텐츠의 관람객 460만 명을 더하면 총 555만 명 가량이 같은 공연을 즐긴 것이다.

BTS는 게임, 웹툰, 소설, 캐릭터 상품으로 뻗어나간다.
콘텐츠 세상의 경계들이 붕괴된다.
가상과 현실의 경계, 온라인과 오프라인의 경계,
생산과 소비, 수요와 공급의 경계가 무너지고 있다.

경계가 붕괴된 자리에
새로운 콘텐츠와 시장이 열린다.
콘텐츠 비즈니스의 핵심은 '지식재산권의 활용'이다.

또한 가수들과 음악의 지식재산권을 활용한 다양한 콘텐츠로 40만 명의 관람객을 모은 팝업스토어, 히트곡을 주제로 다양한 제품군을 만드는 '음악의 IP화'도 처음 시도됐다.

BTS의 외국인 관광객 유발 효과는 연간 80만 명, 그간 우리 경제에 미친 효과가 5조 원에 달한다. 제조업과 비교하기 힘든 부가가치다. 한국 드라마나 예능 프로그램을 보고 나서 촬영지를 방문한 외국인은 2019년 1분기에만도 303만 명. 역대 최다 기록이었다.

BTS의 이야기는 다시 웹툰과 소설, 게임, 캐릭터 상품으로 가지를 뻗어간다. 2020년 하반기 론칭을 목표로 BTS 세계관에 기반한 드라마 제작과 BTS 스토리텔링을 활용한 게임 프로젝트도 준비되고 있다.

이처럼 기존의 경계들은 붕괴된다. 가상과 현실의 경계, 온라인과 오프라인의 경계, 생산과 소비, 수요와 공급의 경계도 무너지고 있다. 4차 산업혁명이 갖는 초연결의 의미는 콘텐츠 영역에서 보다 빠르게 나타나 기존의 경계들이 붕괴된 자리에 새로운 시장을 만들어내고 있다.

초연결사회로 향하는 문화적 감수성

연예기획사들은 유튜브, 페이스북, 트위터 등을 최대한 활용해 해외 팬들을 장악해간다. 그 첫 결실이 싸이였다. 이미 2011년에 유튜브는 음악 카테고리에 예외적으로 K팝을 별도 추가했다. 미국 빌보드도 2011년에 따로 K팝 차트를 만들었다.

한류 동호회는 2018년 말 전세계적으로 1843개가 조직되었다. 최근엔 말레이시아, 인도네시아, 태국이 아세안 한류의 실크로드가 되고 있다. 그들의 소비에 상당히 영향을 미친다는 반응이 78%에 달한다.

그러나 한류 지식재산권은 줄줄 새고 있다

BTS를 필두로 한 K팝의 영향력과는 달리 지식재산권 확보는 아직 미흡하기만 하다. 실제 2012년을 달구었던 싸이의 그 해 저작권료는 3600만원이라는 믿기지 않는 액수에 그쳤다. 불법으로 제작된 BTS의 DVD는 칠레와 아르헨티나에서까지 마구잡이로 팔려나가고 있다. 그 외 나라에서도 K팝과 관련한 해외불법시장은 1천억 원 이상으로 추정되고 있다.

그런 가운데서도 2018년 콘텐츠산업의 매출액은 116조 원을 넘어섰다. 수출액 역시 전년대비 8.8%가 성장해 8조 9천억원에 이른다. 특허 부문의 무역적자는 커졌지만 저작권 수지는 1조 6천억 원의 흑자를 기록했다.

BTS 외에도, '뽀로로'의 경제 효과만도 5조 7000억 원. 130여 개국에 수출하며 로열티로만 연간 120억 원을 벌어들이고 있다. 줄줄 새어나가는 저작권만 관리되어도 문화 콘텐츠는 우리 경제에 더없는 효자 노릇을 하게 될 것이다.

한류의 팽창과 함께
불법복제의 세계도 팽창 중이다.
적발도 어렵고 단속도 안되고
손해배상 청구는 더욱 어렵다.
그런데도 저작권 수지는 흑자를 기록했다.

불법복제의 세계도 급팽창 한다

저작권 무역수지의 성장세에 크게 기여한 것이 게임과 웹툰이다. 국내 웹툰시장은 2018년 5840억원 규모로 3년 만에 4배 성장하고 해외 수익도 1000억원에 이른다.

그러나 '明'이 진화하는 만큼 '暗'도 진화한다. 불법복제 등 저작권 침해 또한 늘고 있다. 새 웹툰이 업로드 되면 만 하루도 안되어 해적사이트에 실리고 있다. 온라인으로 유통되다보니 불법 복제가 너무 쉬워졌다. 그러나 현재 대부분의 해적사이트들은 저작권 사각지대에 있는 외국에 서버를 두고 있어 대응이 쉽지 않다. 웹툰을 불법유통 하던 해외사이트 '밤토끼'는 월 3만 5천명이 방문하고 총 9만여 편의 웹툰이 업로드 됐다.

이같은 큰 범죄의 해결은 문체부가 맡아야 할까, 사이버 경찰청이 맡아야 할까, 방통위가 맡아야 할까. 공동 대응이 필요한 문제지만, 온라인 콘텐츠 불법유통 문제는 어느 부처도 책임감 있게 대응하지 못하고 있다.

2018년 적발 건수는 상반기 9868건에서 하반기 12만 2633건으로 약 1143%나 늘었다. 적발이 늘어난다 해도, 유행을 타는 캐릭터 상품의 경우엔 그 시기를 놓치기 십상이라 제대로 손해배상을 받는 경우가 거의 없다. 수입된 가짜상품이 팔리는 경우엔 손해배상 산정이 더욱 어렵다.

인간의 창의적 영역을 넘나드는 기술 '제 4콘텐츠'의 예고

BTS의 수많은 성공요인 가운데 하나가 혁신적인 무대장치다. BTS는 영국 웸블리 공연에서 ABR(Aero Ballon Robot) 장치와 AR(증강현실) 사이를 누비고 다녔다. BTS는 이미 인간을 확장시킨 수많은 창의성의 결과물인 셈이다.

인간의 창의적 영역을 대신하거나 강화하는 기술은 날로 발전하고 있다. 20세기 폭스사의 AI를 다룬 SF스릴러 〈모건 Morgan〉의 예고편은 인공지능 왓슨(Watson)이 만들었다. 왓슨에게 100여 편의 공포영화 트레일러를 학습시킨 결과다.

영국 스타트업 주크덱(Jukedeck)도 AI로 50만곡의 오리지널 음악을 만들었다. 데이빗 코프 교수는 자신이 개발한 AI가 만든 노래 1,000곡의 인세를 받고 있다.

중국 베이징의 천년 사찰 룽취안사에는

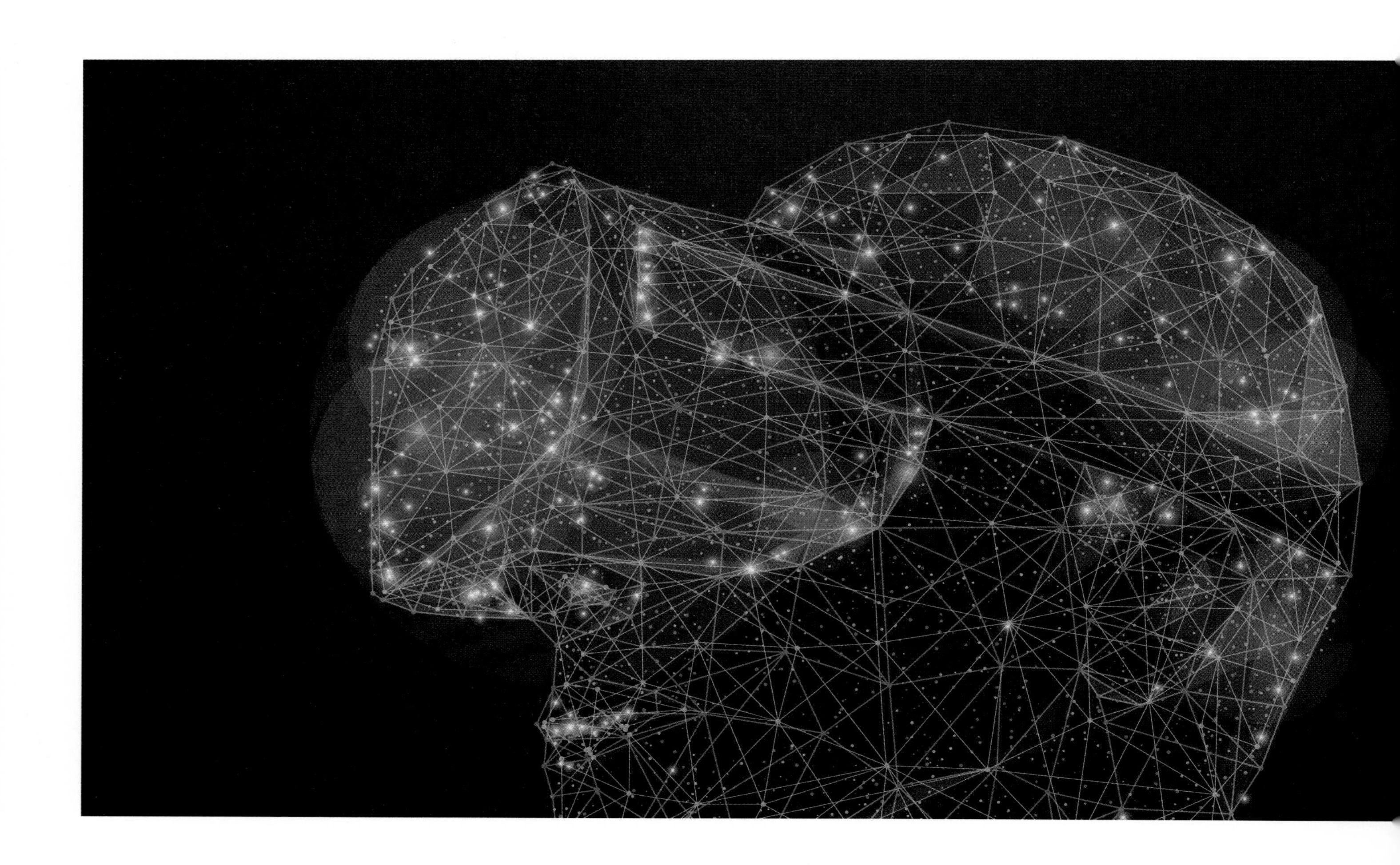

중국 베이징 룽취안사 'AI스님'

키 60Cm의 AI 스님이 돌아다니며 불자들의 고민을 해결해준다. 방대한 설법 데이터를 분석한 결과다. 사람과 상담할 때보다 부담이 적다며 많은 이들이 찾고 있다고 한다.

VR, AR, 드론 등과 같은 혁신 기술은 상상력을 현실에 구현해주고 있다. '포켓몬고'가 대표적이다. 2016년엔 디즈니사의 드론 기반 공중쇼와 불꽃쇼가 미국 특허청의 '연출 특허'를 받기도 했다.

초연결과 융합으로 무한팽창 하는 콘텐츠의 세계-. 머잖아 현재와는 근본적으로 다른 '제 4의 콘텐츠' 출현이 예고되고 있다. 그 세계를 뚫어낼 콘텐츠라는 창과 지식재산권이라는 방패가 함께 준비되어야 할 때이다.

"

BTS는 인간을 확장시킨
수많은 창의성의 결과물이다
기술이 인간의 창의적 영역을 잠식하고 있지만
그럴수록 인간의 창의성은 빛난다

"

Part 4

일본의 경제 도발이 한국을 깨웠다

일본의 '특허' 자신감으로 시작되어
특허라는 교훈을 남긴 사건, 2019 일본의 경제도발

멈추어 비로소 보게된 것들

작은 바비돌 인형이 6개 나라를 거치며 완제품이 된다. 그러나 여러나라가 협력해 싸고 좋은 제품을 만들어 온 글로벌밸류체인은 여기저기서 끊어지고 있다. 미 · 중 무역분쟁에 이은 일본의 경제 도발은 일본이 한국에 수출한 반도체 소재가 북한의 전략무기로 쓰일수 있다는 가짜뉴스까지 만들어 악용하면서 자유무역주의의 글로벌밸류체인을 훼손시켰다.

덕분이라 해야 할까. 우리는 한국 경제의 내면을 들여다 볼수 있는 종합검진의 기회를 가졌다. 오사다 타카히토 교수의 말처럼 '일본 정부가 저지른 가장 큰 잘못은 한국에 소재 및 부품의 국산화가 시급하다는 인식을 심어준 것'이었다.

그렇다, 우리는 우리의 어디가 약한지 알게 되었다. 아베 정부의 도발이 앞만 보고 달려가기만 했던 한국을 멈추어 세워 각성케 했고, 우리는 보다 정확한 목표와 나침반을 갖게 됐다.

"

한국의 추격에 일본은 불안하다.
그런데 한국이 일본을 바짝 추격할수록
일본의 지식재산 흑자는 늘고 있다.

일본의 경제보복이 남긴 가장 큰 의미는
바로 이 아이러니의 의미를 알게 된 것이 아닐까.

"

1. 경고음은 30년 전부터 울렸다

2019년 7월 4일, 아베 정부의 타깃은 한국의 반도체와 디스플레이 산업. 세계 1등이면서도 대일 의존도가 가장 높은, 한국의 아킬레스건이었다. 곧이어 한국을 화이트리스트에서도 배제했다. 한국 첨단 산업 전반으로 타깃을 확대한 것이다. 우리가 막대한 무역수지 적자 속에서도 반세기 동안 쌓아왔던 한일 경제협력의 틀을 깨는 선전포고였다.

삼성전자와 SK하이닉스가 생산하는 반도체 메모리는 전 세계 판매량의 70%. 그러나 반도체 장비의 경우 국산화율은 18.2%에 불과했다. 90% 이상을 일본에 의존하고 있던 품목이 48개, 50% 이상을 의존하고 있던 품목은 253개나 되었다.

소재 · 부품의 지나친 해외 의존은 이미 30년 전, '가마우지 경제'라는 굴욕적인 표현으로 경고를 받은 바 있다. 한국이 힘겹게 수출을 많이 해서 이익 내도 실익은 일본이 챙긴다는, 기술독립을 이루지 못한 한국 경제의 억울한 신세를 조롱하는 이야기였다.

일본에선 '경제적 정한론(征韓論)'까지 나돌았다. 부품 · 소재 분야에서 일본기업들이 일제히 거래를 끊으면 한국의 존립 자체가 위험에 처할 것이라는 내용이다. 어처구니 없는 이야기지만, 한국이 1등을 차지하는 분야일수록 부품 · 소재의 일본 의존도는 더 높은 것이 사실이다.

실제 2018년에도 대일 전체 무역적자 가운데 소재 · 부품 · 장비(소부장)의 적자는 224억달러(26조 7천억원)로 그 중 소부장이 차지하는 비중은 68%나 되었다. 1965년 한일국교 정상화 이후 계속되어 온 적자다.

2. 왜 우리는 가마우지 경제에서 벗어나지 못했을까

기술독립에 대한 인식이
대기업에게 있었을까.

1등 기술도 한국의 대기업이
사줘야 생산할 수 있었고
한국의 대기업이 사주기만 한다면
당연히 1등을 해낼 수 있었다.

그러나 한국의 대기업에게 중요한 것은
기술독립이 아니라
안정적인 밸류체인이었다.
대중소기업 협력과 상생이 왜 중요한지
그들은 애써 생각하지 않았다.

사실 일본 의존도를 줄일수 있는 기회는 몇차례 있었다. 대표적인 계기가 2011년 3월 동일본 대지진 때였다. 대지진은 IT분야의 전세계 밸류체인을 붕괴시켰다. 반도체와 디스플레이의 소부장 50% 이상을 일본에서 수입하던 한국 기업들의 충격은 컸고, 급히 벤더 다변화를 위해 뛰었다.

그러나 제조사를 다변화 했다 해도 모두 일본 회사였다. 국가 다변화는 없었다. 수입처 다변화가 필요하다는 것은 인식했지만, 한 나라가 보호주의 장벽을 쳤을 때 어떤 일이 있을지에 대해선 인식하지 못했던 것이다. 국산화도 시도했지만 6개월쯤 지나 흐지부지 되었다.

가마우지 경제에서 벗어나기 위해 정부도 노력했다. 故 김대중 대통령이 특별법을 만들어 부품 · 소재 분야의 4대 강국 도약을 시도했다. 2013년부터는 특히 원천 소재 개발에 중점을 두기도 했다.

그러나 그 모든 노력은 가장 필수적인 조건을 충족하지 못했다. "한국의 대기업이 사줘야 한다"는 점이었다.

1등 기술이라도 세계 시장 점유율이 높은 한국의 대기업이 사줘야 생산할 수 있었고, 한국의 대기업이 사주기만 한다면 한국의 중소기업은 당연히 1등을 해낼 수 있었다. 그러나 한국의 대기업들은 굳이 안정적이던 글로벌 밸류체인을 바꾸려 하지 않았다. 한국 '대중소기업의 협력'이 서로를 어떻게 상생 시키는지에 대한 인식 부족이었다.

3. 일본은 무슨 생각으로 도발했을까

그런데 대체 일본은 왜, 1965년 이후 줄곧 일본에 유리했던 한일경제의 밸류체인을 이렇게 망가뜨린 것일까.

일본은 지금 불안하다. 그들에겐 한국이 자신들의 턱밑까지 따라왔다는 위기감이 커가고 있다. 2019년 1인당 한국의 명목 GDP는 3만2천 달러로 일본의 78%에 달했다. 2년 뒤 2022년이면 한국이 1인당 GDP에서 일본을 따라잡거나 앞지를 것이라는 전망도 나와 있다.

게다가 평화통일 시대에 남북한 7천700만명이 만들어낼 역동적인 발전상은 한반도를 어떻게 바꾸어 놓게 될까. 이를 상상하는 일본의 두려움은 클 수밖에 없을 것이다. 한국이 2022년 수출에서 일본을 추월하겠다는 한국의 신통상전략도 자극이 되었을 것이다. 그들에게 수출규제는 자국내 복잡한 정치적인 돌파구를 마련하면서도, 급성장 하는 한국의 발목을 잡기에 좋은 카드였을 것이다.

1980년대 말까지 반도체 D램 세계 80%를 점유하던 나라가 일본이었다. 1997년까지 액정패널 점유율 80%를 차지하던 나라도 일본이었다. 30년 동안 세계 TV시장을 휩쓸었던 나라, OLED TV의 원조 소니의 나라.. 그 세계적인 일본기업들이 삼성전자와 SK하이닉스와 LG전자에 무너진채 소형가전업체로 전락하고 말았다.

이미 30년전 일본을 제치고 반도체 1등국가가 된 한국이 본격 5G시대가 열리는 2020년 이후엔 세계에서 어떤 위상을 차지하게 될지.. 한국의 발전을 바라보는 일본의 속내가 많이 뒤틀리긴 했을 것이다. 더욱이 미 · 중 패권전쟁이 한국 반도체 산업에 또다른 기회가 되고 있으니, 일본은 자국내 정치적인 목적이 아니더라도 무리수를 둬서라도 이를 견제해야 한다고 판단했을 수 있다.

**머잖아 한국이 일본의 1인당 GDP를 따라 잡을 것이라는 전망이 나온다.
5G 시대가 본격화 되면! 한반도가 통일되면!
한국의 위상은 과연 어떻게 변모할 것인가..**

불안한 일본은 무리수라도 둬야 했을지 모른다.

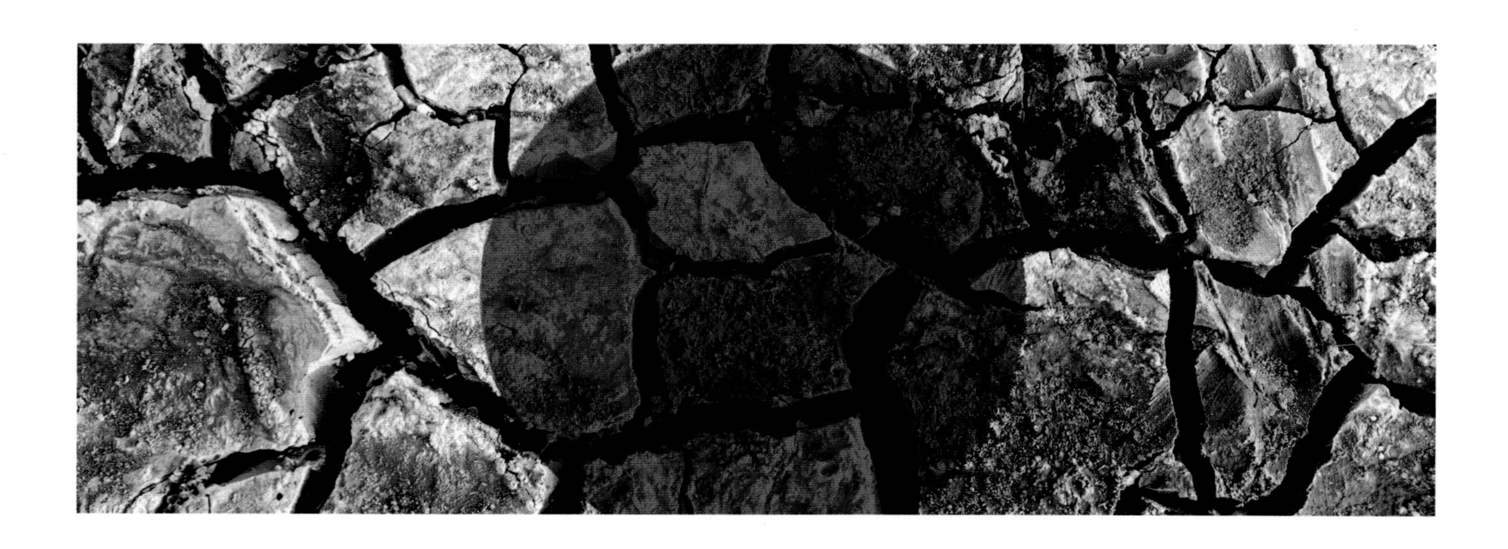

4. 무너지면서 세운 일본의 생존전략

세계 1등 기업이던 소니는 1등에서 밀려나 어쩌면 존재감이 약해진 듯 하지만 여전히 1200여개의 자회사를 거느린 대그룹이다. 히다찌의 경우도 900여 개의 자회사를 갖고 있다. 그 많은 기업들을 유지 시키는 생명력은 어디에서 오는 것일까?

바로 지식재산권이다. 일본의 자회사나 하청기업들은 독자적인 기술개발과 지식재산 관리에 충실하다. 독자노선을 걷기 어려운 우리와 달리 대기업에 휘둘리지 않는 기업문화가 이를 가능케 한다. 장인정신으로 개발한 노하우 영업비밀과 선점해 둔 특허, 그리고 그 자산들에 대한 종합적이고 철저한 지식재산 경영으로 독점적인 시장 지배력을 유지하고 있는 것이다.

이번 일본의 경제도발도 특허와 영업비밀이라는 든든한 뒷배가 있었기 때문에 가능한 일이 아니었을까. 핵심기술과 노하우를 특허로 선점하고 영업비밀은 철저히 보호하고 있으니, 수출 규제로 인한 손실쯤은 감당할 수 있다는 자신감이 작동했을 것이다.

"

삼성과 LG가 일본의 글로벌 기업들을
하나 둘 제치며 앞서가고 있을 때,
일본기업들은 넋놓고 있지만은 않았다.
그 사이, 일본기업들은
새로운 생존전략을 만들어냈다.
바로 특허권! 지식재산 전략이었다.

"

5. 일본의 블랙박스, 영업비밀

특히나 일본기업들은 영업비밀이 많다고 알려져 있다. 공개된 특허보다 공개되지 않은 블랙박스에 들어가 있는 영업비밀이 훨씬 더 큰 비중을 차지해, 특허 포트폴리오만으로 그들의 기술력을 파악해선 안된다는 의미다. 더욱이 진짜 핵심기술은 영업비밀로 잘 감춰두고 있다. 소재부품 분야는 특허나 영업비밀이 많아 노출된 특허만으로 한일간 기술력의 차이를 논하기 어려운 상황이다.

그래서 문제는 2차 공격이다. 일본이 원천기술의 특허를 선점하고 영업비밀들을 움켜쥐고 있으니 대체기술 확보가 어려운 상황에서, 라이선스를 중단해 버리거나 지재권 소송을 하면 당해내기가 쉽지 않을 것이다. 이미 화웨이가 영국의 반도체기업 ARM으로부터 라이선스 중단을 당해 크게 곤욕을 치르고 있다.

일본이 국가전략을 가장 상단의 고부가가치 소재부품을 담당하는 글로벌 분업국가, 즉 고품격 하청국가로 설정한 것도 경제력과 자존심을 지켜내는 중요한 비결인 셈이다.

6. 일본엔 지식재산 흑자가 쌓여간다

가장 큰 '아베 효과'는 지식재산 전략에서 나왔다.
지식재산 무역수지는 6년새 무려 3배가 늘어
30조원 대를 넘보고 있다.
그 모든 것은 총리가 총지휘하는 힘 있는 조직,
'지적재산전략본부'를 통해 이뤄졌다.

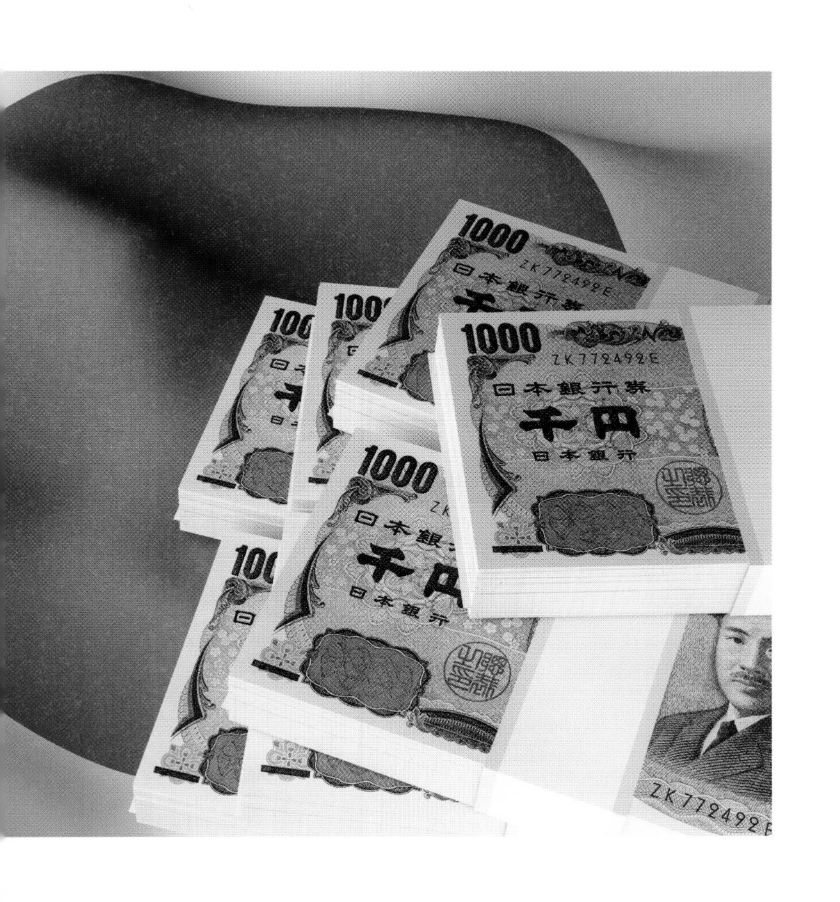

일본이 2018년에 벌어들인 지식재산 사용료는 28조 3천억 원. 10년 전에 비해 무려 5.8배가 늘어난 큰 액수다. 일본은 2013년부터 10조원 대의 지식재산권 흑자를 달성해왔다. 거기에 큰 역할을 한 것이 'IP강국'을 강조하며 이를 실행한 아베 총리였다. 아베 총리는 지식재산권을 무역 · 투자 · 노동 · 환경과 함께 정책 우선순위로 꼽고 2013년 '지적재산정책비전'을 선포했다.

아베 총리는 비전의 모든 실행을 맡은 지적재산전략본부의 본부장. 총리의 강력한 추진력 아래 각 부처가 저마다 특성에 맞는 지식재산전략을 펼쳐온 결과다. 실제적인 권한이 거의 없는 우리의 국가지식재산위원회와 비교되는 대목이다.

지식재산전략을 앞세운 이른바 '아베 효과'는 계속해서 큰 효과를 발휘해갔다. 10조 원대 지식재산 흑자를 본 지 불과 2년 뒤 2015년에 흑자는 다시 2배가 늘어나 20조 원 대로 올라섰고, 지금은 30조 원 대를 바라보고 있다. 일본을 지켜내는 원천특허의 파워가 크지만, 50%대의 특허무효율을 최대 18%까지 낮춘 것이 비결의 하나로 꼽히고 있다. 무효가 되지 않은 더 많은 특허로 더 많은 수익을 거둔 셈이다.

한국은 어떠한가. 우리는 10년 연속 지식재산권 적자 상태다. 2018년엔 2조 4500억 원이 적자였다. 대일 적자 규모는 8300억 원으로 전체 지식재산권 사용료 적자의 3분의 1이 일본에서 발생했다.

7. 우려했던 일들은 일어나지 않았다 그러나 불확실성은 남아 있다

전방위 대책으로 발빠른 효과

일본의 경제 도발 이후 우리 정부는 '100대 소재부품 5년내 자체공급'을 목표로 전방위 대책을 펴고 있다. 소부장의 국산화를 연구하는 '국가연구실'과 테스트베드인 '국가연구시설'이 가동되고, 12월 들어선 '소재부품장비협력국'도 신설했다. 반도체 수출은 7월 이후 오히려 넉달 연속 두자리수 오름세다. 디스플레이 분야는 이미 100% 국내산으로 소재를 대체할 수 있게 됐다.

우려했던 일들은 일어나지 않았다. 3개 핵심 소재 수출규제로 인한 생산 차질은 없었다. 재고를 효율적으로 활용했고, 수입 채널을 다변화 했으며, 열심히 국산화 노력도 했다. 사실 '소부장 산업의 자립화'는 2018년의 핵심 정책과제였다. 하지만 별다른 주목을 받지 못하다가 마침 이번 일로 오히려 정책 추진에 힘을 받게 되었다. 소재 · 부품 · 장비 산업의 중요성에 대한 정부와 민간의 인식이 높아진 것은 큰 성과였다.

지난 11월 16일, 일본은 마침내 액화 불화수소의 수출도 허가했다. 반도체 · 디스플레이 핵심 소재 세 가지 품목에 대한 수출을 모두 허용한 셈이다.

이번 여파로 2019년 일본과의 무역수지 적자는 16년 만에 최저치를 기록할 것으로 보인다. 2019년 10월까지의 적자는 163억6천600만 달러로, 2018년 같은 기간보다 20.6%나 줄었다. 일본산 불매 운동의 효과가 컸던데다, 반도체 부품 · 장비 수입을 대폭 줄인 게 주된 요인으로 꼽혔다.

8. 대한민국을 지켜낼 가장 확실한 방법, 지식재산

아직 우리는 일본의 백색국가에서 제외되어 있다. 문제가 됐던 3개 품목은 계속해서 개별 심사된다. 일본의 지식재산 공격 가능성도 무시할 수 없다. 이같은 불확실성을 극복할 방안은 무엇일까.

가장 확실한 대안은 오직 하나뿐이다. 특허로 대한민국을 지켜내는 길이다.

그간 국산화하지 못했던 문제의 소재 · 부품 · 장비의 일본 특허들도 가능한 우리 특허로 대체하는 것이 우리의 목표다. 그들의 원천기술은 피해갈 수 없지만 개량기술은 피해갈 수 있다.

그간 중소기업이 핵심기술을 국산화 해도 이를 대기업이 말살해버리는 사례가 너무 많았다. 일본 제품이 값도 더 싸고 안정적이라는 이유였다. 하지만 그것이 오늘 결과적으로 일본 경제도발을 불러온 한 원인이 되지 않았나. '중소기업과 상생할 줄 모르는 대기업' 문화가 기술의 국산화를 소홀히 한 채 이번 도발을 빚은 근본 원인이라는 지적이 많다.

독일의 히든 챔피언은 대기업보다 평균 5배나 많은 특허를 낸다. 그들이 독일 수출의 25%를 이끌고, 특허를 바탕으로 대기업과 중소기업이 상생한다. 중소기업에게 특허는 경쟁자와 대기업의 공격을 막는 방패이다.

대중소기업이 협력해야 나라도 산다. 그 협력은 그냥 주어지는 것이 아니라 중소기업이 강한 특허를 가지고 있을 때 가능한 일이다. 일본의 경제보복은 우리에게 특허는 물론 대중소기업의 협력이 얼마나 중요한 것인지를 가르쳐준 씁쓸하나 유용한 역사가 되었다.

대중소기업이 협력해야 나라도 산다.
그 협력은 중소기업이
강한 특허를 가지고 있을 때라야 가능하다.

일본의 경제보복은 '특허'와
'대중소기업의 협력'이
얼마나 중요한 것인지를 역설해준
씁쓸하나 유용한 역사가 되었다.

9. 대한민국의 '국가 지식재산 전략'을 가동하라

더 큰 경쟁자가 움직인다

2020년, 5G 시대가 전 세계에서 시작된다. 한국의 반도체는 더 많이 필요하게 될 것이다.

사실 한국 반도체 산업의 미래에 더 큰 위협은 중국의 반도체 굴기라고들 한다. 중국은 화웨이 사태에도 굴하지 않고 현재 15%의 반도체 소재 · 부품 · 장비의 자급율을 2025년 70%까지 높이려 한다. 이를 위해 한국의 반도체 인력도 대놓고 빼가고 있다. 푸젠진화의 경우, '10년 이상 삼성전자, SK하이닉스에서 엔지니어로 근무한 경험'이 그들의 정식 채용 조건이었다.

반도체의 경우, 우리는 35년간 경쟁국가 없이 운 좋게 1등을 계속했다. 이제는 30배나 큰 나라가 빠른 속도로 우리를 추격하고 있다. 그들의 속도가 무서운 것은 그 속도 속에 공산주의라는 세계에서 가장 강력한 '보호주의'가 있기 때문이다. 그들은 마음만 먹으면 무엇이든 국가가 해결해버리는 나라다.

중국의 반도체 굴기 그리고 중국제조 2025의 가장 큰 위협을 받고 있는 나라는 바로 곁의 대한민국이다. 이를 이겨낼 우리의 2025는 무엇인가.

"

우리에게 더 큰 위협은 중국이다.
중국의 추격 속도가 무서운 것은 그 '속도' 속에 담긴
세계에서 가장 강력한 '보호주의' 때문이다.
중국은 마음만 먹으면 무엇이든 국가가 해결해버리는
기이한 보호주의 국가가 아닌가.

그들의 반도체 굴기와 중국제조 2025의
가장 큰 위협을 받고 있는 나라는 바로 곁의 대한민국.
이제 원자재의 탈일본을 넘어서
보다 힘 있는 국가 지식재산 전략을 펼쳐야 할 시점이다.

"

Part 5

아시아 지식재산 리더를 꿈꾸다

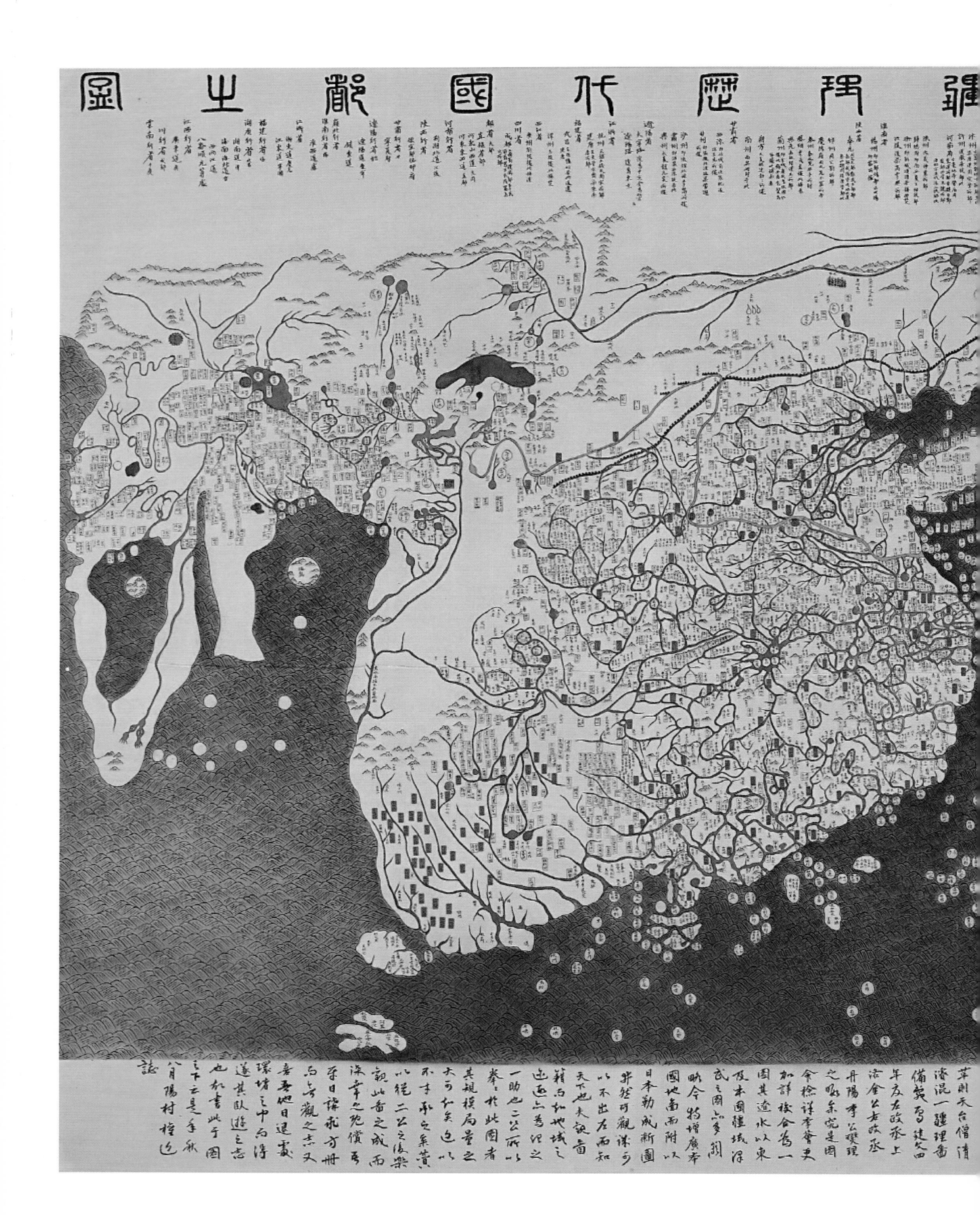
疆理歷代國都之圖

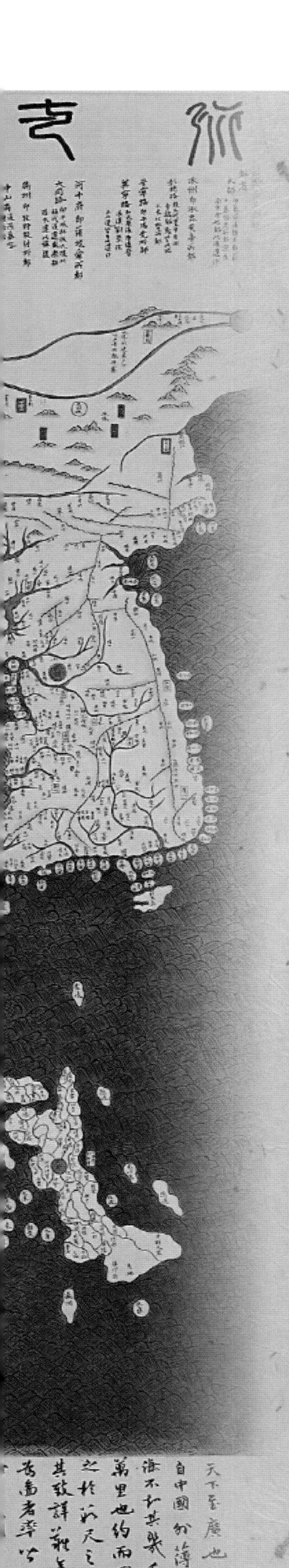

15세기 조선 초로 되돌아가 보자.
그 시간 속에
우리나라 최초의 세계지도, 강리도가 있다.
동양에 현존하는
가장 오래된 세계지도이다.

격동을 헤쳐 나와
혁신의 시대를 맞은 우리에게
강리도는 오늘 우리에게 묻고 있는 듯 하다.
'선조들의 놀랍고도 장엄한
세계성과 주체성이 느껴지지 않느냐'고-.

한반도의 미래를
보다 새로운 영감과 힘찬 비전으로
그려내야만 할 때가 되었다.

강리도

「혼일강리역대국도지도 混一疆理歷代國都之圖」 158cm x163cm

지식재산 허브로 가는 길,
'아시아 지식재산 협력체'를 추진하자

"

대한민국이 '지식재산 허브'가 되는 길은
〈아시아 지식재산 협력체〉 구성과 **〈남북 지식재산 협력〉**이라는
두 개의 축을 필요로 한다.

"

'아시아 지식재산 협력체'란
지식재산 강국인 한·중·일 3국을 중심으로
인도와 아세안 10개국을 포함하는
역내 지식재산 협력체이다.
즉 아시아 지식재산청, 아시아 지식재산법원,

아시아 지식재산거래소, 아시아 지식재산중재센터라는
구체적이고 통합된 조직을 구성해
지식재산을 중심으로 새롭게 재편되는
세계 경제질서에 효율적으로 대처하고
그 과정에서 대한민국이 아시아의 리더가 되고자 하는
국가미래전략안이다.

지식재산의 힘이 새로운 패권이 되어가는 오늘,
'아시아 지식재산 협력체' 방안이 본격 논의되기를 바라면서
그 의미를 짚어본다.

1. 지식재산에는 국경이 없다

특허는 세계 공통 언어 변화를 향한 빅데이터

세계의 약 4억2000만 건에 이르는 특허는 세계 공통 언어다. 세상의 많은 문제를 풀 수 있는 빅데이터이기도 하다.

지식재산은 속지주의가 원칙이다. 국가마다 따로 등록하고, 그 국가 안에서만 권리를 행사한다.

그러나 지식재산 자체는 국경 없이 국가와 국가를 넘나든다. 국제적 자원으로 확장되고 있기 때문에 해외에서의 지식재산 침해가 늘고 있고, 미중무역분쟁처럼 국가간 갈등도 커질 수밖에 없게 됐다.

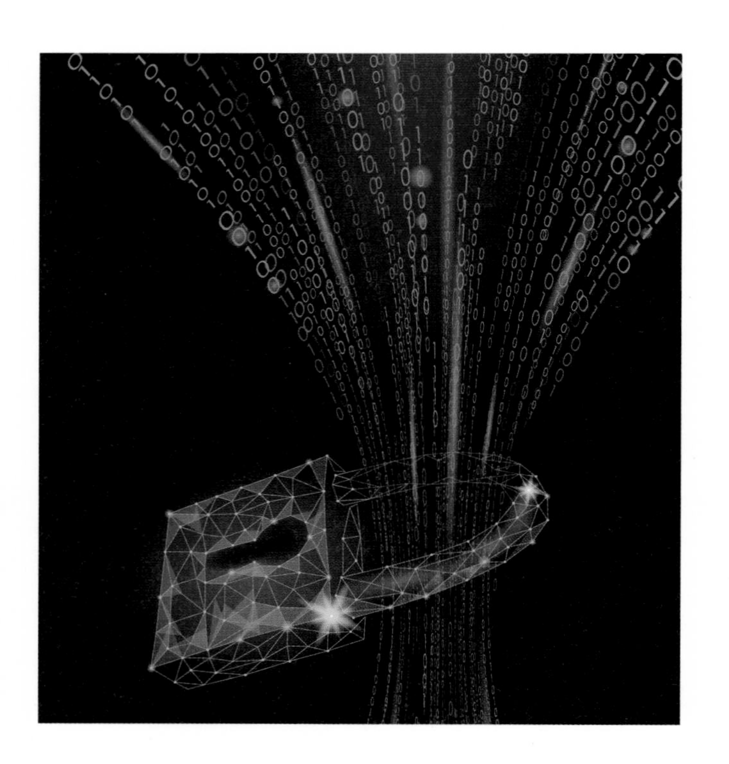

또한 4차 산업혁명으로 인해 국제적인 자원의 의미는 더욱 중요해진다. 포켓몬 열풍의 경우처럼 게임, 애니메이션, 사물인터넷 등의 기술융합과 더불어 생물학적, 물리학적, 지리적 영역 등이 융합 되고 있다. 머잖아 새로운 국제협약이 필요할 것이다.

이제 무역의 핵심은 지식재산

WTO와 TRIPS 체제 이후 선진국들은 개도국에 지식재산의 보호 수준을 높일 것을 강요해왔다. 글로벌 기업들은 후발주자들의 시장 진입을 지식재산권으로 봉쇄 해왔고, 앞으로도 친특허정책으로 저개발국가에 대한 시장 지배력을 높여 갈 것이다.

TRIPs 무역과 관련해 보호를 강화한 지식재산의 다자간 규범. 1996년 발효

미국은 1980년대 이후 지식재산을 무역과 연계시키며 국가 이익을 극대화해왔다. 카피품을 강력하게 단속하며 관련 소송을 늘려온 것이다. 특히나 트럼프 행정부는 보호무역에 지식재산을 적극 이용하고 있다. 미중무역분쟁에 가려져 있을 뿐, 미국은 사실상 거래하는 모든 국가를 대상으로 지식재산 침해를 둘러싼 갈등을 일으키고 있는 중이다.

미국의 2018년도 '스페셜 301조 보고서'는 중국, 인도, 러시아 등 12개 나라를 우선감시대상국으로 지정해 강력한 감시를 하고 있다. 브라질, 베트남, 스위스 등 24개국은 감시대상국으로 지정됐다. 감시와 적발의 결과는 거액의 손해배상과 높은 기술료, 다양한 분쟁으로 이어진다.

현재 우리나라는 230여 개국이라는, 사실상 전 세계를 대상으로 무역을 하고 있다. 침해와 갈등에 제대로 대응하기 위해서라도 지식재산의 국제적 협력이 더없이 중요한 때이다.

미중무역분쟁에 가려져 있을 뿐,
미국은 사실상 모든 무역 상대국과
지식재산 침해를 둘러싼 갈등을
일으키고 있다.
거액의 손해배상과 높은 기술료,
다양한 분쟁으로
국가 이익을 극대화하는 것이다.

거의 전 세계와 무역하는 우리나라도
국제적 협력을 통해 갈등에 대응해야 한다.

속지주의 한계 극복할 국제적 협력 필요

전세계 출원 중 40%가 복수의 국가에서 출원하는 중복출원이다. 이로 인해 각국에는 심사 적체가 늘고 있고, 권리자들은 해외 출원과 관리에 너무 많은 비용과 노력을 들이고 있다. 여러 나라가 공동 심사, 공동 출원으로 함께 풀어갈 문제이다. 특허는 문화적 색채가 없고, 가치중립적인 기술에 대한 권리이기에 가능한 일이다. 법적 다툼을 해결할 지역통합법원도 필요하다. 더욱이 특허는 속지주의 원칙 때문에 특허의 가치는 시장 크기에 비례한다.

아시아에서 이같은 협력의 주체는 지식재산 강국인 한 · 중 · 일 3국이어야 한다. 3국이 내용의 중심축을 이루며 동북아를 넘어서 아시아 전체의 지식재산 협력을 이뤄내야 한다.

2. 협력의 토대는 '지식재산'이다

동북아는 이미 세계 지식재산의 중심축이다. 지식재산의 세계 5대 강국 IP5의 나라 한 · 중 · 일은 전세계 출원의 46% 이상을 차지한다. 특허 절차도 유사하고 교류도 적지 않다. 세 나라 모두 WTO와 TRIPs에 가입해 있고, WIPO(세계지식재산권 기구)협약 등 13개 주요 특허 협약을 따르고 있다.

그러나 한 · 중 · 일 3국은 오랜 긴장과 갈등의 관계이다. 경제적인 교류가 활발하면서도 역사적, 정치적, 안보적 차원에선 화합하지 못하는 아시아 패러독스가 동북아를 지배하고 있다.

동북아는 정치경제 협력체가 없는 유일한 지역이다. 오래 묵은 정치적 외교적 갈등에다 일본의 무역보복으로 브레이크까지 걸리면서 우리는 동북아에 보다 다양한 협력 의제가 필요하다는 것을 절감할 수 있었다.

한 · 중 · 일 3국은 저마다 지식재산 허브를 향한 의지를 갖고 있다. 때문에 서로의 목표가 부딪히는 지점이 있긴 하지만, 이를 역으로 협력의 밑거름으로 활용할 수 있다. 긴장과 경쟁을 협력의 질서로 바꾸어 내는 과정에서 과연 우리가 어떤 역할을 해내느냐에 따라 우리의 국가 위상이 달라질 것이다.

“

비슷하지만, 함께하지 못하는 한 · 중 · 일-
아시아 패러독스에 걸린 동북아에서
'지식재산'은 협력의 중요한
토대가 되어 줄 것이다.

”

3. 아시아로 지식재산의 영토를 넓히자

아시아 지식재산 협력체는 인도를 포함한 아세안 +3,
즉 동북아와 인도-아세안을 중심으로 한다, 서아시아와는 전략적 협력 관계로 설정한다.

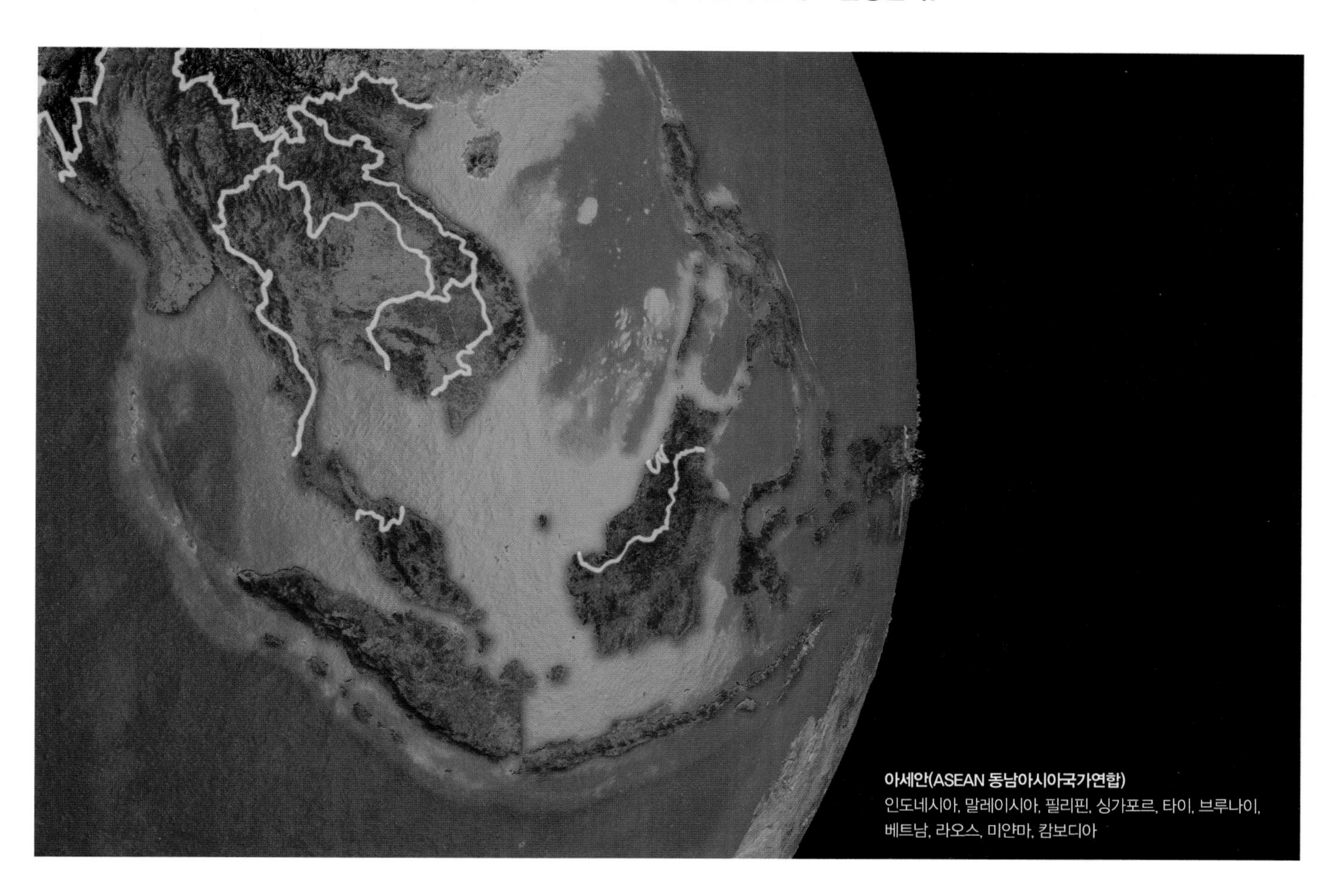

아세안(ASEAN 동남아시아국가연합)
인도네시아, 말레이시아, 필리핀, 싱가포르, 타이, 브루나이, 베트남, 라오스, 미얀마, 캄보디아

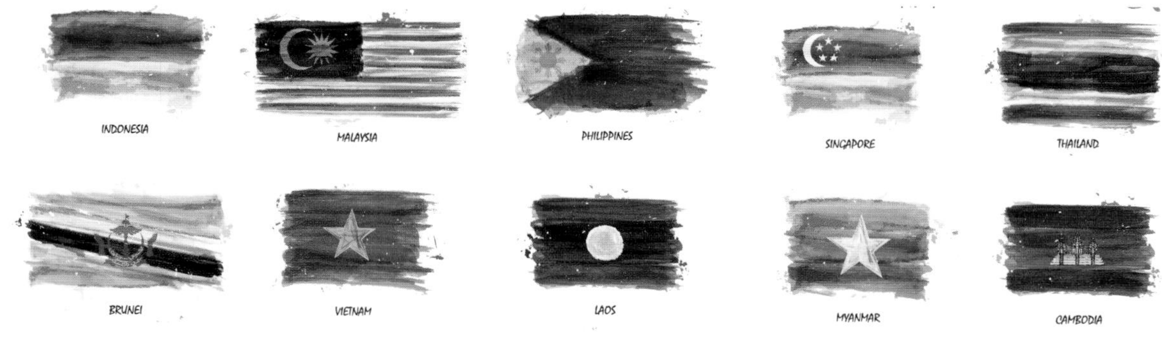

보호무역주의에 대응하는 돌파구

보호무역주의로 국제질서가 급변한다. 과학기술의 발전은 국제질서의 변화를 더욱 빠르게 한다.

중국과 미국의 마찰, 그 뒤를 이으며 오랜 저성장의 돌파구를 찾고 있는 일본의 무역 보복과 보호무역주의라는 자충수는 동북아를 더욱 불안하게 하고 있다. 우리로서는 4강 중심의 경제 · 외교에서 벗어날 외교다변화가 더 시급해졌다. 일본과의 지식재산 협력은 다소 속도조절이 필요해졌지만, 이를 아세안과 보다 협력하는 계기로 삼을 수 있다.

협력과 번영이 다다르는 길, 평화

지금 한반도는 세계 경제강국 1.2.3위에 둘러싸인 채 지구상 마지막 분단국의 복잡한 함수를 풀어가는 중이다. 함수가 복잡한 만큼이나 동북아가 협력하며 함께 번영할 수 있는 비결은 가장 '가치중립적인 것'에 있다. 보이지 않는 힘, 지식재산이다.

협력과 번영이란 결국 '평화'에 이르는 길. 이를 아시아로 확장시켜야 한다. 연간 약 200조원의 세계 특허법률시장은 미국과 독일이 차지해 왔지만 지금은 세계의 가장 큰 대륙이자 가장 큰 시장인 아시아의 지식재산 시장이 한 · 중 · 일 3국을 중심으로 빠르게 성장해가고 있다.

한일간의 갈등, 중일간의 반목, 한중간의 미묘한 대립…
그 함수가 복잡한 만큼이나
동북아가 협력하며 함께 번영할 수 있는 비결은
가장 '가치중립적인 것'에 있다.
보이지 않는 힘, 지식재산이다.

협력과 번영이 결국 '평화'에 이르는 길이다.

공존의 모색
왜 아세안과의 협력인가

세계경제의 엔진, 아시아

아세안 10개국은 인구 6억 4천만명의 거대한 시장이다. 매년 5–6%의 경제 성장을 이루며 세계경제의 새로운 엔진으로 떠오르고 있다. 우리와는 연평균 5.7%씩(2007–2015) 교역량이 늘고 있고, 상호 특허출원은 그 3배인 18%씩 늘고 있다. 중위 평균 나이 28세(한국 41세)라는, 세계에서 가장 젊고 역동적인 시장이다.

한국은 2019년 11월 부산에서 한–아세안 특별정상회의를 열어 이들과 자유무역주의의 원칙을 재확인 했다. 스타트업 협력을 위해 아세안에 '과학기술 협력센터' '신남방비즈니스협력센터'도 세우기로 했다. 베트남 과학기술연구소(V–KIST), 미얀마 개발연구원(MDI)도 세워 교육도 강화할 예정이다.

젊다, 거대한 시장이다, 역동적이다,
우리와 공감대가 넓다.

한 해 한국인 1천만 명이 아세안을 찾아가고
아세안 52만 명이 우리나라에 들어와 산다.
한류로 닦은 새로운 실크로드에서 만난 아세안은
이미 우리의 커다란 자산이다.

한국과 아세안은 빠르게 가까워지고 있다

아세안은 한류가 가장 활발한 곳이다. 그만큼 한국에 우호적이다. 우리 지식재산권 수출의 33.25%를 아세안이 차지한다. 아세안은 이미 8천 개의 우리 기업이 진출해 있는 제 2의 교역지대이기도 하다.

우리 국민은 연간 1천만 명이 아세안을 방문한다. 아세안은 우리의 최다 방문 지역이자, 다문화 가정과 노동자, 유학생까지 이미 52만 명이 우리나라에 들어와 살며 우리와 깊이 교류하고 있는 나라들이다. 그들이 한국에 대해 갖고 있는 정서적 문화적 공감대는 값으로 따질수 없는 우리의 큰 자산이다. 그 자산을 토대로 우리의 앞선 지식재산 제도와 문화를 더 크게 확산시키며 리더십을 발휘할 때가 되었다.

강대국들도 對아시아 전략 강화

강대국들은 이미 큰 그림으로 아시아 전략을 펼치고 있다. 중국은 '일대일로'의 우선 축을 아시아로 잡고 있다. 부작용도 많지만 성과도 상당하다. 미국은 일대일로를 겨냥하고 있다. 이에 중국과 적대적인 인도까지 끌어들이며 기존의 아 · 태전략을 '인도-태평양 전략'으로 강화했다. 러시아는 미국과 중국의 팽창을 견제하는 신동방정책을 추진 중이다. 특히나 일본은 이미 1970년대부터 이 지역을 해외 생산기지로 활용하기 위해 적극적인 투자로 아세안에 밀착해왔다. 아세안에 투자 순위는 EU, 일본, 중국 순이다.

강대국의 아시아전략은 아시아의 가치를 반증해준다. 무엇보다도 아세안 지역은 대륙세력과 해양세력이 맞부딪치는 전략적 요충지다. 전 세계 해상 수송의 3분의 1이 이 지역을 통과한다. 더욱이 미국과 일본이 중국과 대립하며 패권을 다투는 곳이 아닌가.

미국의 인도-태평양전략
중국의 일대일로
러시아의 신동방정책
일본 또한 오래 아세안에 공을 들여왔다.

아시아로 향하는 강대국들 속에서
한국은 지식재산이라는
탄탄한 기초 토대를 쌓을 필요가 있다.

지식재산은 다른 국가들처럼
물량공세가 아닌, 공감을
얻어내는 인적 교류 수단이다.

신남방정책과의 시너지 효과

우리의 아세안 전략은 신남방정책에 압축되어 있다. 무역 흑자의 50% 이상을 중국에 의존하며 미중 갈등의 리스크를 겪고 있는 상황에서 중국과 미국 의존도를 줄이고, 4강 외교의 한계에서 벗어나 경제 영토와 안보의 지지대를 넓히려는 것이다.

중국의 일대일로는 개발 중심의 패권주의 정책이다. 일본 역시 ODA(공적개발원조)등 물량 중심의 지원을 하고 있으니, 두 나라에 대한 아세안의 '공감'이 적다. 인도와 아세안을 향한 한국의 신남방정책은 무역을 넘어 기술, 문화예술, 인적 교류로 영역을 확대하는 전략이다.

특히나 다른 국가들과 구분되는 우리의 핵심 전략이 인적 교류다. 인적 교류는 아세안이 중심이 되어 지역 협력을 도모하겠다는 아세안의 근본 원칙에도 부합한다.

지식재산 협력은 다양한 인적 교류를 필요로 한다. 따라서 신남방정책의 목적과 궤를 같이 하면서 시너지 효과를 높일 수 있다. 미중간의 경쟁에 휘말리지 않는, 효율 높은 비정치적 협력이다.

지식재산 격차 너무 큰데…
아세안과 협력하면 무엇이 좋아질까

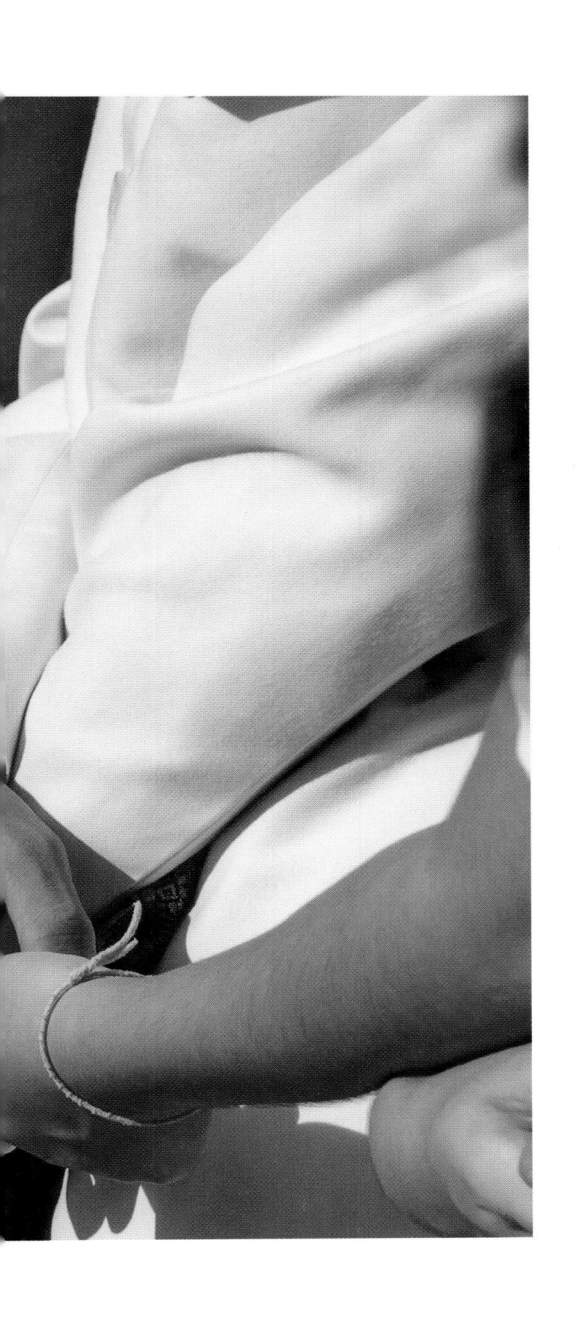

아세안 10개국은 우리와 지식재산의 수준 차이가 많이 난다. 아세안 내 국가별 격차도 크다. 싱가포르의 1인당 국민소득이 최빈국 캄보디아 보다 41배가 넘으니, 지식재산의 격차는 당연한 이치다. 언어와 문화적 차이도 협력의 걸림돌이 된다.

그럼에도 불구하고 아세안과의 지식재산 교류는 풀어야 할 난제라기 보다는 협력이 가져다 줄 이점이 훨씬 많다.

〈아세안과 협력하면 무엇이 좋아질까〉

1. 우리 지식재산이 '보호'된다
2. 우리 지식재산이 '활용'된다
3. 우리의 첨단기술력도 발휘할 수 있다
4. 지식재산으로 평화와 경제를 선순환 시킨다
5. 지식재산 협력으로 대륙과 해양을 잇는다
6. 지식재산 허브로 경제 패러다임을 바꾼다

1. 우리 지식재산이 '보호'된다

그간 우리 기업들은 개도국으로 진출할 때 해당 국가의 지식재산권 제도가 정착 되어 있지 않아 수출에 장애를 겪거나 지식재산 침해로 많은 피해를 겪어왔다. 우리 기업의 해외 지식재산권을 안정적으로 보호하기 위해서는 우리가 우선 그들의 지식재산권을 발전 시켜주며 격차를 줄여가야 한다. 상대국가의 지식재산 환경이 좋아져야 그 나라에 진출한 우리의 지식재산이 보호되고 수출도 원활해진다.

K-브랜드의 인기가 높아지자 아세안 지역에는 한국 제품처럼 위장한 지능적인 모방품들이 늘고 있다.
2018년 하반기 아시아 주요 시장에서 가짜 한류 제품이 13만 건 넘게 압류됐다.
한류로 위장하는 기업들은 간판과 상품에 한글을 쓴다. 매장에선 한복까지 입고 영업한다.
2019년 5월 기준, 10개 위장업체가 세계 곳곳에서 1499개 매장을 운영 중이다.
대표적인 위장기업이 중국계 기업 '무무소'.
무무소는 중국과 동남아에서 인기를 끌고 유럽과 중남미까지 진출했다.
2020년 중반까지 인도에 300개가 넘는 매장을 추가한다는 것이 그들의 계획이다.

"

아세안 국가들과 지식재산 격차를 줄여가자.
해외출원을 늘리고 특허와 기술을 거래하자.
쉬운 협력부터 시작하며 신뢰를 쌓자.
상대국가의 지식재산 환경이 좋아져야
그 나라에 진출한 우리의 지식재산이
보호 · 활용되고, 수출도 원활해진다.

"

한국제품

중국계 위장기업 '무무소' 제품

2. 우리 지식재산이 '활용'된다

지식재산은 결국 활용해야 가치가 있다. 우리는 세계에서 네 번째로 많이 지식재산을 창출하는 나라다. 역동적인 경제발전을 이루고 있는 아세안 지역은 우리의 지식재산을 활발하게 활용 할 수 있는 장이다. 그들과 보다 적극적으로 특허와 기술을 거래하고, 해외출원을 늘리며 이를 상업화 해야 한다.

이는 단지 첨단기술 분야에만 해당하는 일이 아니다. 그들에게 급박한 농업, 인프라, 산림 관련 분야에도 우리는 많은 기술과 노하우를 갖고 있다. 쉬운 협력부터 시작해 상호 이해와 신뢰를 쌓아가며 협력의 수준을 높여가야 한다.

3. 우리의 첨단기술력도 발휘할 수 있다

또한 한국은 4차 산업혁명의 선진국가 중 하나다. 우리에게 아세안은 첨단 기술력을 발휘하며 함께 기술력을 성장시킬 수 있는 도전과 실현의 무대이다. 앞으로 스마트시티, 스마트팩토리, 스마트팜 등을 구현하기 위한 다양한 협력이 필요하다.

실제로 우리 정부는 아세안과 스마트시티를 추진하려 하고 있다. 싱가포르의 스마트네이션 건설에도 참여할 계획이다. 아세안의 풍부한 노동력과 자원에, 우리의 기술과 자본을 공유하며 윈윈 할 수 있는 길이다.

경제 협력을 위해 정부에서는 한-아세안 협력기금이나 한-메콩 협력기금, 한-아세안 FTA 협력기금 등도 대폭 늘려가고 있다. 빈곤이나 환경문제 등 지역 현안을 함께 해결할 '지식재산 협력도시'도 상상해 볼 수 있을 것이다.

4. 지식재산으로 평화와 경제를 선순환 시킨다

유럽의 통합은 유럽석탄철강공동체를 통한 경제협력에서 출발했다. 경제협력의 경험은 평화공동체로 이어졌고, 평화를 통해 다시 경제적 이익을 극대화할 수 있었다. 평화와 경제의 선순환이었다.

유럽의 경제협력은 평화공동체로 이어졌고 평화를 통해 다시 경제적 이익을 극대화 했다. 그 경험으로 만든 유럽특허청은 세계 최고의 심사품질을 인정받고 출원 비용도 80% 이상 줄였다. 분쟁 해결의 전문성도 높였다.

우리의 지식재산 협력은 아시아의 경제와 평화를 선순환 시키게 될 것이다.

이후 유럽의 지도자들은 유럽 전체에 효력이 있는 특허 제도를 꿈꾸었다. 그 결과가 1973년에 만든 유럽특허조약이다. 이어 1977년에는 유럽특허청을 설립한다. 심사관만 4,400명이 넘는 큰 조직이다. 유럽특허청은 세계 최고의 심사품질을 인정받으며 출원비용을 80% 이상 줄였다. 협력으로 분쟁 해결의 시간과 비용을 크게 줄였으며, 분쟁 해결의 전문성과 안정성도 높였다.

동북아는 정치 · 군사적으로 복잡하고 민감해 평화구축이 쉽지 않은 곳이다. 동북아와 동남아의 협력도 간단치가 않다. 비정치 · 군사적인 다양한 협력의 경험을 쌓아가며 상호 이해와 신뢰를 키워내야만 한다.

2019년 일본의 무역 보복사태는 협력의 대상을 다각화 해야 함을 강력히 시사했다. 우리의 국제적인 지식재산 협력 노력은 결국 아시아의 경제와 평화의 선순환으로 귀결 될 것이다.

5. 지식재산 협력으로 대륙과 해양을 잇는다

현재 거의 유일하게 동북아와 동남아를 연결할 수 있는 나라가 대한민국이다. 그만큼 동북아와 동남아 사이에는 복잡한 변수가 많다.

앞서 우리는 중국과 일본 사이의 교량 역할을 해왔다. 한류와 무역을 바탕으로 아세안과도 우호적인 관계를 맺고 있다. 이처럼 한국이 가진 여러 몫의 교량 역할은 남북 간의 평화가 얼마나 진전 되느냐에 따라 보다 폭 넓게 확대될 것이다.

우리가 동북아에서 해내던 교량 역할을 동남아로 확장 한다는 것은 북방과 남방을, 해양과 대륙을 이어주는 일이다. 즉 에너지 등 북방의 자원을 남방의 생산기지와 소비시장으로 이어주고, 남방의 생산물을 북방을 거쳐 유럽까지 운송하는 거대한 교량이 되는 것이다. 우리가 아시아의 중심국가로 부상하는 과정이 아닐 수 없다.

그같은 교류를 내실 있게 활성화시킬 수 있는 것이 지식재산 협력이다. 앞으로의 교류는 단순히 물류 확대가 아니라, 4차 산업혁명에 기반한 생산과 스마트 정보통신의 교류시대가 될 것이기 때문이다.

우리의 동북아 교량 역할을
동남아로 확장한다는 것은
북방과 남방을, 해양과 대륙을 이으며
아시아의 중심국가로 부상한다는 의미이다.

그 교량 역할을 확장시키는 것이
지식재산 협력이다.

6. 지식재산 허브로 경제 패러다임을 바꾼다

세계 경제의 중심이 아시아로 옮겨오고 있다. 30년 후, 아시아 전체는 세계경제의 50%를 차지할 것으로 전망된다. 아시아가 세계 경제 중심으로 부상할 때 그 허브는 대한민국이 될 것이다.

한국은 이미 지식재산 허브를 향한 여러 가지 조건을 갖추고 있다. 세계적인 지식재산 창출 능력과 R&D 투자, 아시아 각국과의 활발한 교류와 자본력, 수준 높은 사법시스템과 선진화 되고 있는 법과 제도, 그리고 허브공항과 허브항구라는 물류와 관광의 조건도 갖추고 있다.

특히나 대한민국은 뛰어난 인적 자원으로 경제 기적을 이뤄낸 나라다. 인적 자원의 강국이자 지식재산 강국이라는 '무형자산의 부국'은 수출 중심의 패러다임에 갇힐 수 없다. 결국 그 방향은 지식재산의 창출과 활용을 통한 혁신적인 창의국가가 될 것이다. 세계적인 저성장을 뚫어내는 고급 일자리 창출의 길도 거기에 있다.

뛰어난 인적자원과 지식재산 강국의 타이틀을 가진
'무형자산의 부국'-
한국은 이미 지식재산 허브의 조건들을 갖춰가고 있다.

아시아 지식재산 협력체는 지식재산을 토대로
서로의 격차를 극복하며 함께 성장해가는,
세계경제의 새 질서가 되어야 한다.

한반도는 아세안이 세계와 이어지는
가장 빠른 길이 될 것이다.

EU는 이미 2013년 GDP의 39%인 4조 7천억 유로(6063조원)를 지식재산 집약산업에서 창출하고 5600만개의 일자리를 만들어냈다. 미국은 2012년 지식재산집약산업을 통해 4천만개의 일자리를 만들고 약 5조 6천억 달러(6500조원)의 경제적 부가가치를 창출했다. 지식재산은 이처럼 성장 잠재력과 고용 창출력이 크다.

앞으로 국제 협력은 더 쉬워지고, 더 폭넓어질 것이다. 협력을 시스템화 할 수 있는 기술이 발달하고 인적 교류 또한 더욱 활발해질 것이기 때문이다. 아시아 지식재산 협력체는 지식재산을 토대로 서로의 격차를 극복하고 함께 성장해가면서, 세계경제의 새 흐름을 주도해 갈 수 있을 것이다.

이제 대륙과 해양을 이으며 아시아의 중심으로 우뚝 서게 될 한반도 평화시대가 가까이 다가오고 있다. 한반도 평화시대에 대한민국은 어떤 가치와 내용으로 아시아의 중심이 될까…

아세안이 세계와 이어지는 가장 빠른 길 '한반도'–. 그 날을 맘껏 상상해두자.

'아시아 지식재산 협력체'의 자산, 다양한 협력이 축적되고 있다

아시아는 지식재산의 수준 차이가 크다. IP5국가 한중일이 있는가 하면, 캄보디아나 사우디처럼 아예 특허청이 없는 나라도 있다. 이에 여러 층위의 국제협력이 펼쳐지고 있다. IP5를 중심으로 한 너른 의미의 협력에서부터 한중일 3국의 협력, 한중일과 아세안 국가들의 협력, 그리고 아세안 내부의 지식재산 협력도 활발해지고 있다.

이미 많은 협력들이 축적되며 만들어내는 변화를 잘 읽어내고 우리의 비교우위 전략을 세우는 일은 우리가 지식재산 허브로 향하는 출발점이자, 아시아지식재산협력체로 가는 로드맵이 되어줄 것이다.

TRIPs 무역과 관련해 보호를 강화한 지식재산의 다자간 규범. 1996년 발효

1. IP5가 쌓은 국제협력

IP5의 특허 출원은 세계 출원양의 80%가 넘는다. IP5는 함께 심사기간을 단축하고 심사품질을 높여 왔으며 미래의 특허제도에도 함께 대비하고 있다.

한 나라에서 특허등록을 받으면 이를 외국에서 우선적으로 심사받아 출원할 수 있는 PPH(특허심사하이웨이)나 심사이력정보 확인시스템 등을 운영하고 있고, 2018년부터는 하나의 출원을 5개청이 공동으로 심사하는 해외출원 협력심사도 시범적으로 시행하고 있다. 앞으로는 공동심사 공동출원처럼 공조 수준을 높이며, 인터넷으로 외국에 직접 출원하게 하자는 것이 IP5의 목표다.

2. 한중일의 지식재산 협력

한중일 3국은 특허의 요건과 절차가 비슷한 편이다. 서로 각국의 특허 심사과정을 공유하고 있다. 한국에서 특허가 거절되었다면 중국이나 일본에서도 같은 이유로 심사가 거절되는 '공동심사'의 개념이다. 한중일의 지식재산 정보는 트리포넷(TRIPO Trilateral IP Office)을 통해 민간에도 공개되어 있다.

한중일은 언어 장벽에서도 벗어나고 있다. 일본이 중국어와 한국어 특허문헌을 번역하는 검색시스템을 만들었고, 중국은 특허심사정보를 12개 언어로 번역할 수 있게 했다. 한국은 영문으로 자동 번역해 제공한다. 3국은 특허문서 자동번역 시스템도 개발하고 있다.

3. 대한민국, 지식재산을 나누다

우리나라는 아세안 국가들에 많은 지원을 하고 있다. 국내로 초청해 맞춤형 교육을 하거나 특허전문가를 파견하기도 하면서 지식재산의 전략과 법·제도, 매뉴얼, 상업화 등을 지도해왔다. 교육 후에는 해당 국가의 특허 침해 단속이 강화되고 심사 수준도 높아졌다. 베트남, UAE, 러시아 등 최근 우리와 정상이 만난 나라들로부터 인력 교육 요청도 늘고 있다. 사우디의 공무원들에게 특허청을 만드는 교육도 진행됐다.

'지식재산 나눔사업'도 의미있게 펼치고 있다. 그들에겐 꼭 필요한 적정기술의 특허를 주는, 지식재산 ODA 사업이다. 베트남의 경우, 우리 특허로 하수기름분리기를 개발하거나 실크 방직기술을 개발해 품질 좋은 실크를 만들게도 했다. 우리에겐 유휴 특허지만 그들이 처한 현실에는 꼭 필요한 기술을 침해 걱정 없이 쓸 수 있도록, 물고기와 물고기 잡는 법을 함께 전하고 있는 것이다. 우리의 은퇴 과학자들도 파견하고 있다.

"

대한민국은 아세안에게 전략부터 상업화까지
지식재산의 거의 모든 것을 지도한다.
사우디의 특허청을 만드는 일도 도왔다.
꼭 필요한 적정기술은 특허를 무료로 주기도 한다.
은퇴 과학자들도 파견한다.

"

4. 강대국들이 아세안 지식재산으로 향한다

중국과 일본은 물론 미국과 유럽도 아세안 지식재산에 관심을 쏟고 있다. 일본은 그들의 국제조약 가입을 많이 도왔다. 중국은 전통지식 DB화, 유럽은 지식재산 전산시스템과 제도 개선, 미국은 지식재산 보호 지원에 역점을 두고 있다.

또한 일본 · 미국 · 유럽은 아세안 국가들에 특허관을 파견했고, 일본 · 중국 · 유럽은 청장급 협의체를 운영 중이다. 이처럼 여러나라의 협력이 쏟아지자 오히려 아세안 국가들이 득실을 따지며 더 좋은 조건을 고르고 있는 실정이다.

중국은 최근 특허법원을 국제 지식재산 분쟁의 중심지로 부상시키려는 계획을 추진하고 있다. 일본은 2019년 대만의 특허법 개정에 참여하며 지식재산의 '아시아 전략 프로젝트'를 넓혀가고 있다.

특히나 주목되는 것이 싱가포르의 국제상사법원(SICC)이다. 2015년에 문을 연 SICC(Singapore International Commercial Court)는 짧은 역사에도 불구하고 합리적인 절차와 재판부의 전문성, 신속성을 인정받으며 급성장하고 있다. 외국인이 변론하고 판결할 수 있다는 장점도 갖고 있다. 지식재산권의 중재와 조정의 몫이 커지는 오늘, 우리가 참고해야 할 내용이 적지 않다. 싱가포르는 2010년 WIPO(세계지식재산권기구) 중재조정센터도 유치했다. 2013년 'IP허브 마스터플랜'을 발표하고, 이후 IP 서비스와 인프라, 분쟁해결체계를 구축하고 있다.

5. 아세안 내부의 지식재산 협력

아세안은 세계의 공장에서 시장으로 새로운 균형점을 찾아가면서 지식재산 인프라를 강화하고 있다.

아세안은 중국에 원자재와 에너지 공급처 역할을 하며 성장해왔다. 중국의 성장이 둔화되면서 반사이익이 줄어들고 있지만, 미중무역분쟁을 겪으며 중국을 대체하는 생산기지이자 새로운 소비시장으로 전환하고 있다.

아세안은 이미 1996년에 '아세안 지식재산권 협의체'를 만들었다. 지식재산을 경제 성장의 핵심 분야로 설정한 것은 우리보다 훨씬 앞선 셈이다. 현재는 지식재산권의 10년 로드맵인 '아세안 지식재산권의 전략적 실행계획 2016-2025'을 진행하며 지식재산 인프라를 강화하고 있다.

인도의 경우 2018년 44위에 머물렀던 국제 지식재산 지수가 올해엔 36위로, 가장 많이 뛰어 올랐다. Make In India 전략으로 제조업을 키우며 창의 역량과 지식재산의 수준을 높여온 덕분이다.

6. 한국의 지식재산이 중동으로 가는 교두보, 사우디 아라비아와 UAE

그들은 한국 특허행정을 선호한다

지식재산의 불모지대였던 서아시아도 달라지고 있다. 2019년 우리나라 특허청은 사우디 아라비아에 지식재산 생태계를 조성해 주었다. 특허심사관 훈련 등 약 36억 원의 1차 사업에 이어, 사우디의 지식재산 전략 수립과 특허 행정정보시스템을 개발해 갈 계획이다. 우리의 지식재산 전문가 15명이 파견되었다.

아랍에미리트연합(UAE)의 특허출원 심사도 100% 한국이 맡게 됐다. 우리의 특허법도 수출한다. UAE는 정식 지식재산법이 없고 6개의 조문만 있는 나라다. 일단 특허법으로 통하면, 기술 등 특허법의 바깥 영역에서도 계속해서 우리와 다양한 교류가 일어날 수 있다. UAE는 2018년 한국형 특허시스템을 구축했다.

그들이 한국을 선호하는 것은 왜일까.

한국은 다른 나라가 100년 걸린 특허행정을 50년 만에 성취하고, IP5까지 오른 나라다. 후발국은 이런 압축 성장의 노하우를 원한다. IT에 기반한 원스톱 서비스 특허정보 시스템도 매력적일 것이다. 한국형 지식재산 시스템으로 우리의 영향력이 커지고 우리 기업들이 현지에서 사업하기 좋아지는 환경이 만들어지고 있다.

7. 협력의 변수는 결국 중국과 일본 어디서 출발할 것인가

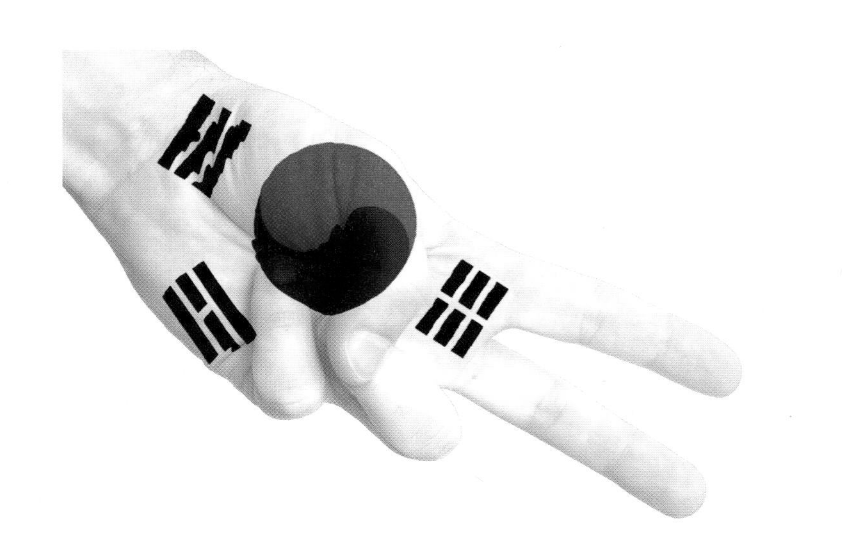

**지금 중국에겐 일본·한국과 협력할 이유가 없다.
일본은 이미 스스로를
아시아 지식재산의 중심국가라 여기는 듯 하다.
한국과 일본마저 매끄럽지 못하다.
어디서부터 협력을 시작해야 할까.
중국이 외면할 수 없는 상황을 만들어야 한다.**

문제는 그 출발점인 동북아다. 중국과 일본은 과연 하나의 지식재산청, 하나의 지식재산법원과 같은 협력조직을 만들려 할 것인가.

중국은 일본과 역사적, 군사적으로 복잡하게 얽혀 있는데다 경제적 이해관계까지 맞물려 있다. 그들이 껄끄러워 하는 일본과 협력체를 구성한다는 것은 쉽지 않은 일일 것이다.

게다가 중국은 앞서 말한 것처럼 특허법원을 국제 지식재산 분쟁의 중심 법원으로 만들려 하고 있다. 스스로 허브 전략을 갖고 있는 중국에게 협력을 기대하기란 요원해 보인다. 더욱이 경제적으로 급박한 현안들이 산적한 중국으로선 당장의 실익이 없는 협력체 구성에 소극적일 것으로 판단된다.

일본은 늘 아시아를 자신들의 지배력 아래 두고자 많은 투자를 해왔다. 또한 아세안 국가들의 지식재산 법체계는 일본의 영향을 많이 받고 있다. 거기다 일본에서 출원된 특허는 아시아에 통용되고 있기 때문에 일본은 스스로 아시아의 지식재산 중심국가라고 생각하는 경향이 있다. 때문에 일본은 한국의 협력체 제안에 일단 긍정적일 것이라는게 전문가들의 예측이다. 일본이 자신들의 지식재산 세력권을 한국에까지 확장하는 것으로 판단할 수 있다는 것이다.

우리도 일본의 지식재산 법체계와 문화가 비슷하다. 이를 장점 삼아 한국과 일본이 먼저 공동 지식재산청을 만드는 방안이 제시되기도 한다. 한일 공동 지식재산청을 만들어 그 범위를 아세안으로 넓혀간다면 '아시아 지식재산청' 설립은 급물살을 탈 수 있다는 낙관론이다.

그렇게 규모가 커져 아시아 협력의 장이 펼쳐지면 중국도 이를 외면할 수만은 없을 것이다. 규모에 비례해 지식재산시장이 커지고, 지식재산청 이외의 조직으로도 확대해갈 수 있으리라는 논리다. 한중일 중심의 시각에서 자유로와지면 이렇듯 아세안의 중요성이 좀 더 부각된다.

아시아 지식재산 협력체 구상은 이제 막 시작되었을 뿐이다. 그 현실적 묘안에 대해서는 지금부터 활발하게 논의를 시작하자.

우리와 일본 사이에 불협화음이 생기면서 아세안과의 협력은 경제적 외교적 지원군을 늘린다는 의미에서 더욱 중요해지게 됐다. 우리는 어떻게든 좁은 시장을 넓혀가야 한다. 협력으로 시장을 넓히고 평화를 정착시키며 한반도의 위상을 높여가야 한다. 그 길에 지식재산이 핵심이다.

"국제 기술거래 플랫폼" 혁신을 거래하라

기술을 사려는 나라들, 기술을 팔려는 나라들

지식재산으로 한중일을 잇는 효율적인 접점으로 제시되고 있는 것이 기술거래다. 한국에 국제기술거래소를 만들어 혁신을 촉진하고, 특허 활용을 늘리는 일이다.

국제적으로 거래되는 기술의 80-90%는 특허를 가진 기술이다. 혁신에 목마른 중국은 현재 일본 시장도 마다않고 새로운 기술을 찾아 다니고 있다. 미국과의 기술거래가 막힌 탓이다.

일본은 이미 아세안에 많은 기술을 팔고 있다. 아세안 저개발국가들이 필요로 하는 농업과 임업 같은 실용적인 기술이 많이 거래된다. 그들은 베트남, 인도네시아, 태국 등에서 적잖은 수요를 찾아내고 있다. 아세안의 기술 수요는 급증하고 있다.

IP5 가운데 3개국이 있는 동북아는 아시아는 물론 세계의 혁신을 거래하기에 좋은 여건을 가졌다. 우리나라에 활발한 기술거래시장을 만드는 것은 중국을 아시아 지식재산 협력체로 끌어들이는 방안이기도 하다.

잠자는 특허는 많은데 판로를 찾지 못한다.
기술 거래시장이 없어서다.
일본은 아세안과 중국에 기술거래를 많이 한다.
우리도 그들의 수요를 찾아내
국제적인 거래를 활성화 해야 한다.

우리의 그 많은 특허는 다 어디에 있을까?

한국에는 잠자고 있는 특허가 넘쳐난다. 새로운 기술을 만들어내는 대학과 국립연구기관이 수백 곳이다. 그러나 판로를 찾지 못한다. 반대로 중소벤처나 창업자들은 특허를 사야 한다. 그러나 어디에 어떤 특허가 있는지 알지 못한다. 그렇게 쓰이지 못하는 휴면특허가 쌓여간다.

2018년 7월 기준, 대학과 공공연의 특허 가운데 절반이 훨씬 넘는 65.1%, 약 8만여개가 활용되지 못한채 5년을 넘겼다. 5년간 유지비만 85억원이 들었다.

수요를 찾지 못하는 공급 초과, 무엇이 문제일까? 우리에게는 특허의 판매자와 구매자를 이어줄 제대로 된 기술거래 시장이 없다. 기술이전촉진법이 지정한 기술거래 공공기관은 101곳. 1년에 1만2천 건 정도의 특허가 거래되고 있다. 민간 시장은 실제 거의 움직이지 않는다고 봐야 한다. 혁신에 절대적인 오픈 이노베이션, 외부기술 도입이 안되고 있는 것이다.

엄청난 투자로 어렵게 만들어낸 그 많은 휴면특허를 활용하기 위해서라도 아세안과 중국시장에 대한 연구와 조사가 필요하다. 아시아 기술시장이 열린다면 휴면특허 외에도 우리의 앞선 기술과 특허를 활용하는 좋은 기회가 될 것이다.

기술거래, 저조한 이유가 있었다

2018년 외부의 지식재산을 도입한 국내 기업은 14%. 미국과 유럽기업 2018년 외부의 지식재산을 도입한 국내 기업은 14%. 미국과 유럽기업의 78%가 외부기술을 적극 도입해 신사업을 창출한 것과 크게 비교된다. 우리가 지식재산을 거래해서 활용하는데 소극적인 것은 왜 일까?

가장 중요한 원인은 그간 남의 특허를 침해해서 쓰는 일이 많았기 때문이다. 법에 걸려도 배상액이 낮으니 베끼는게 남는 장사였다. 권리자는 막대한 시간과 노력을 들여 소송해봐야 제대로 보상받지도 못하니까 소송을 포기하는 일이 많았다. 특허가 무효될 가능성도 50%가 넘어 왔으니, 굳이 특허를 살 일도 아니었다. 필요한 특허는 침해하면 되고, 걸리면 싼 값으로 물어주면 되는데 기술을 거래 할 리가 없었다. 결과적으로 우리나라 특허의 값은 싸게 매겨졌다.

그에 비례해 중개수수료도 턱없이 적었다. 값싼 중개수수료 풍토 속에서 특허거래 전문인력은 생겨날 수가 없었다.

두 번째로는 '쓸만한 특허가 별로 없어서'였다. 특허의 양은 많지만 진짜 대박 특허가 잘 나오지 않았다. 거기엔 3박자가 맞아떨어졌다. 1. 특허수수료가 싸니 부담없이 특허를 양산해왔고 2. 특허심사마저 부실했으며 3. 차별화된 핵심역량을 가진 고품질 창업도 부족했다. 실패 없는 그저 그런 연구와, 그저 그런 특허가 양적으로 성장해 왔다.

결국 기술거래의 기초는 특허를 강하게 보호하고, 양질의 특허를 많이 만드는 일이다. 사실 수요가 있으면 시장은 작동된다. 탄탄한 특허들이 많았다면 수요는 생겨났을 것이고, 이를 사고 파는 매커니즘이 만들어졌을 것이다.

잠자는 특허를 깨우다

사실 IBM처럼 '특허경영'으로 유명한 기업도 전체 특허의 약 40%만 활용하고 있다. 미국은 휴면특허를 활용하기 위해 일찍부터 기부제도를 택했다. 특허 가치 평가액의 최대 35%를 세액공제해 주는 강력한 인센티브 정책으로 대기업의 참여를 독려했다. 대신 특허 기부에 까다로운 조건을 붙였다. 휴면특허를 가장한 가치없는 특허를 기부하면서 특혜를 받는 것을 막기 위해서였다. 특허 기부제는 산학협력의 중요 모델이 되었고 2018년에는 세금 감면이 폐지됐다.

일본 정부는 기업이나 연구기관의 휴면특허를 사서 사업화하는 '지적재산 펀드'를 준비하고 있다. 여러 기관이 약 500억원 규모의 펀드를 만들어 매입한 특허권을 사업화함으로써 자고 있는 특허를 깨우자는 것이다.

우리도 대학 · 공공연의 미활용 특허를 줄이고 유지비도 줄이기 위해 이들의 특허관리에 들어갔다. 2016년부터 2018년까지 모두 40개 기관이 가진 특허를 진단해 452건을 기술이전하고, 32억 원의 특허유지 비용을 줄였다.

중국은 기술거래 강국이 됐다
30년간 1000배나 늘었다

2013년까지 30년간 중국의 기술거래액은 놀랍게도 1,000배 넘게 늘었다. 개혁개방의 역사와 함께 기술거래가 진행된 셈이다. 2013년에는 이미 혁신거점 83곳에 기술거래 시장을 두었다. 일부 성에서는 온라인 기술거래시장을 만들어 기술적 난제들을 해결했다. 2016년엔 기술거래회사가 1000개를 넘어섰고, 1조 1407억 위안(약 195조원)이 거래되며 1조 위안의 관문을 돌파했다.

특허 백화점엔 쓸만한 물건이 없고 점원도 없었다
그런데도 물건은 쌓여 있었다.
그저 그런 연구와, 그저 그런 특허가
양산됐기 때문이다.
결국 기술거래의 기초는 특허를 강하게 보호하고
양질의 특허를 많이 만드는 일이다.

잠자는 특허 가운데 숨은 보석을 찾아내 팔고
백화점은 미래형 플랫폼으로 리모델링 해야 한다

10년 전, 중국의 기술거래가 짧은 기간 동안 놀라운 성과를 거둔데에는 의외의 비결이 있다. 기술경매대회라는 새로운 방식의 거래였다. 특허가 급증하며 많은 기술들이 묻혀 버리고 있었지만 묻힌 특허들이 경매를 통해 세상에 드러나며 의외로 높은 성과를 거둔 것이다.

물론 중국 기술 시장에는 문제점도 많았다. 공정한 평가시스템이 없었고, 거래의 약속 이행률이 낮았으며 기술거래 서비스도 혼란스러웠다. 그럼에도 불구하고 중국은 경매 방식을 시도할 만큼 거래 방식을 치열하게 모색했다. 그러면서 점차 집중화된 서비스 플랫폼을 구축해갔다. 기술이 거래되자 기술평가, 공동개발, 융자, 합병 등도 발전해갔다.

새로운 성장동력, 국제 기술거래 플랫폼

외부기술 도입은 기술융합 시대의 필수 요소다. 기술거래의 황무지나 다름없는 우리나라에 '국제 기술거래 플랫폼'을 만들자는 방안이 제안되고 있다.

한국의 특허수 200만 개, 세계의 특허수는 1860만 개다. 한국의 중소기업이 360만 개, 세계 기업이 2억 개다. 이를 연결해 비즈니스 모델로 만들자는 것이 '국제 기술거래 플랫폼'이다. 황철주 주성엔지니어링 대표는 그렇게 되었을 때 한국의 성장 동력이 2-3배 커지고, 1년이면 양질의 일자리 30만 개 이상을 만들 수 있다고 역설하고 있다.

안타깝게도 20년 전에 만든 한국기술거래소는 결실을 맺지 못했다. 기술과 특허의 가치평가가 어려웠고, 기술거래사도 없었기 때문이다. 세계 유례가 없는 조직으로서 민관 합동 운영의 혼선도 컸다. 그러나 이제 모든 여건이 좋아졌고, 절실해졌다.

기술과 특허의 가치는 시장에서 평가된다. 거래 플랫폼을 통해 기술과 특허의 가치가 제대로 평가되어 활발하게 활용되어야 한다. 소유에서 구매로, 보호에서 활용으로 특허가 이동하고 있다. 시장의 관점에서 보면 공급보다 수요가 더 중요하다. 기술과 특허는 사업화 되기 위해 태

“

놀라운 성장을 거듭한 중국 기술거래 시장은 공정한
평가시스템도 없이 여러모로 혼란스러웠다.
하지만 멈추지 않고 서비스 플랫폼을 구축해갔다.
기술이 거래되며 기술평가, 공동개발,
합병과 융자 등도 발전해갔다.

”

어난다. 과거 우리의 기술거래소를 벤치마킹 한 중국의 기술거래소가 비약적인 발전을 이뤘다는 것을 기억할 필요가 있다.

국제 기술거래 플랫폼은 국내 플랫폼을 먼저 만들어 국제적 플랫폼으로 확대하는 방안과 처음부터 국제 플랫폼으로 만드는 방안이 논의되고 있다. 특허청에서는 '민관합동 지식재산 거래 플랫폼(가칭)'을 2020년부터 시범 운영한다. 수요발굴은 공공분야에서 하고 중개는 민간에서 하며, 중개된 기술의 사업화는 다시 공공분야에서 추진하면서 민간의 자생력을 높여가는 방식이다. 우선 국내가 중심이 되는 모델로서 민간기관 6개가 선정될 예정이다.

'표준특허'와 관련된 거래소로부터 시작하는 방안도 제기되고 있다. 표준특허는 4차산업 기술들과 관련해 금융쪽에서도 관심이 높을 것이다. 현재 표준특허 풀에 들어가 있는 특허뿐만 아니라, 표준특허 풀에 들어갈 가능성이 있는 특허의 발굴과 투자에도 수요가 예상된다.

그들에겐 무엇이 필요할까?..

지금 아세안에 팔기 좋은 우리의 휴면특허에는 어떤 것들이 있을까. 또 중국이 사고 싶어하는 특허와 노하우는 무엇일까. 그 실제 수요를 파악하고 구매사례를 연구해야 한다. 글로벌 마케터도 키워야 한다. 동시에 한 · 중 · 일, 한 · 아세안 특허청간의 협력을 병행해 간다면 아시아 지식재산은 공진화 하면서 협력체 탄생을 향해 갈 것이다.

이제 밖으로는 국제 컨퍼런스를 개최하는 등 각 국의 시각을 탐색해 설득하고, 안으로는 글로벌한 지식재산 인재를 양성해가자. 아시아라는 문화엔진, 경제엔진, 인적자산의 엔진을 잘 활용해 보자.

> 우리는 특허가 세계에서 4번째로 많다.
> 한국의 중소기업 360만 개, 세계 기업 2억 개.
> 특허와 기업을 연결해주는 국제 기술거래 플랫폼은
> 고급 일자리를 늘리는 더없이 좋은 성장동력이다.

4차 산업혁명의 공조 무대 남북 지식재산 협력

세기의 기회가 열리는가

21세기 가장 흥미롭고 역동적인 나라-.
세계적인 투자가 짐 로저스는
"세계가 북한이라는 세기의 기회를 얻었다"고 했다.
골드만삭스는 통일 한국이 40년 안에
독일과 일본을 추월하고
1인당 GDP 8만 달러의
세계 2위국이 될 것이라고 내다봤다.

평양 거리엔 '미래를 사랑하라'는 구호가 걸려있다.
지식경제를 강조하며
2019년 '지적소유권국'도 설치했다.
지금은 비핵화 문제에 막혀 있지만
북한은 달라지고 있고, 성장 잠재력은 엄청나다.

북한이라는 기회와 가능성은 무엇이고
우리는 무엇을 준비해야 할 것인가.

1. 북한, 4차 산업혁명의 전사를 키우다

우리는 종종 북한의 해킹 소식을 들어왔다. 뉴스는 자극적인 해킹에 초점을 맞추고 있었지만 그 뒤에서 북한은 소프트웨어 능력을 성장시키고 있었다. 북한은 소프트웨어나 블록체인 같은 첨단 기술력에 상당한 실력을 갖춘 것으로 알려져 있다.

한국전자통신연구원(ETRI)은 북한의 IT 인력이 이미 20만 명을 훌쩍 넘는 것으로 보고 있다. 그 1/4이 중국과 러시아에서 실무역량을 쌓고 있다는 보고다. 인도의 국제코딩대회에서는 북한 대학생들이 수년째 상위권에 오르고 있다. 모바일은 현재 700만 대 이상 시장에 풀렸다. 전체 가구수가 800만 안팎인 점을 감안하면 가구당 거의 한 대씩 스마트폰을 보유한 셈이니 대중의 IT 잠재역량 또한 높아져 있다.

2. 세계에서 가장 좋은 4차 산업혁명의 실험장

북한은 현재 낙후되어 있는 인프라를 거의 모두 새롭게 구축해야 한다. 이에 북한과의 경제협력은 곧바로 4차 산업혁명으로 직진해야 한다는 목소리가 커지고 있다. 4G를 거치지 않고 곧바로 5G 통신망을 구축하고, 스마트팜, 스마트팩토링, 스마트시티를 건설해야 한다는 것이다.

스마트시티의 경우, 북한은 토지 수용과 보상에 이해충돌이 없다. 사업성이 높지 않아도 이상적인 도시를 구현해볼 수 있다. 체제 특성상 원격교육, 원격의료, 자율주행차 등 첨단 시스템 도입에도 저항이 없을 것이다. 게다가 우리는 뛰어난 IT 기술과 풍부한 도시 개발 경험이 있다. 유발 하라리의 말처럼 자율주행차가 세계에서 가장 먼저 달리고, 각종 센서와 5G 통신이 결합한 스마트 도로가 건설될 수 있는 곳이 북한이다.

스마트팜의 경우 또한 그 중요한 토대가 중화학, 철강, IT산업이다. 우리의 전문가들은 우리 기술을 투입하면 북한의 농업생산성 30%를 바로 끌어올릴 수 있다고 자신하고 있다. 북한이 가진 뛰어난 유전자와 종자도 많다. 농약이 없어 천적과 유기농도 발달해 있다.

북한을 기회의 땅으로 만들 때 우리에게도 기회가 온다. 제제 공조와 함께 북한을 기회의 땅으로 만들 국제 공조도 필요하다. 북한 문제가 풀려야 동북아 전체 문제도 풀릴 것이다. 느닷없이 다가올 협력의 시대를 위하여 담대한 상상력으로 기술력과 지식재산 협력의 시간을 준비해야 한다.

3. 자원대국,
그 미개발의 선물

"

북한은 하늘이 내린 선물처럼 미래자원들을 갖추고 있다.
우리가 가진 장점이 합쳐지면
남북이 함께 창출할 지식재산이 아주 많을 것이다.
한반도 전체를 하나의 시스템으로 보고
남북 및 세계가 협력하는 실험장으로 만들어야 한다.
느닷없이 다가올 협력의 시대에 대비한
담대한 상상이 필요하다.

"

북한은 우리와 지질 구조가 아예 다르다. 국토의 80%에 유용한 광물만도 220여 종이 있다. 세계 10위권에 드는 귀한 광물 마그네사이트와 희토류가 있고, 우리가 100% 수입해야 하는 아연 · 동 · 니켈 · 망간과 희귀금속 텅스텐과 몰리브덴도 풍부하다. 철광석은 우리의 12배가 매장되어 있고 우라늄도 220톤 가량 매장된 것으로 알려져 있다. 석유 매장도 기대되고 있다.

자원대국 북한의 광물자원 잠재가치를 2017년 미국 경제전문매체에서는 8050조 원으로, 영국의 경제주간지에서는 약 1경원으로 추정한 바 있다. 국내 자료들도 대략 7000조 원 이상으로 잡는다. 정확한 자료는 아직 없지만 잠재가치와 경제가치가 엄청난 것은 사실이다.

마그네사이트는 제철소의 쇳물을 견디는 내열재로 쓰인다. 그간 중국에서 전량 수입해왔는데, 북한의 매장량이 세계 3위로 20억 톤에 달한다. 필요량의 반만 가져와도 한해 16조원의 수입대체 효과가 있다. 연간 300조 원의 광물을 수입하고 있는 우리 곁에 싸고 품질 좋은 북한의 광물이 있는 것이다.

북한의 광상(鑛床)은 총 930여 곳. 현재 약 700개의 광산에서 110만명이라는 대규모 인력이 일하고 있다. 중국이 33건으로 북한 광산 개발의 87%를 참여하고 있고 나머지를 스위스와 프랑스, 일본이 진출해 있다.

해외 기술진이 진출해 있는 이유는 광물자원 개발에 많은 기술이 들어가기 때문이다. 단순히 채굴에 그치지 않고, 탐사–채광–선광–제련–소재화(신합금 소재개발)–핵심 부품화라는 여러 단계를 거쳐야 하고, 과정마다 다양한 기술력이 필요하다. 그러나 북한은 재래식으로 개발하고 있고 설비들이 낡았다. 도로와 항만 등 기반시설도 열악하다. 특히나 전력이 많이 부족해서 필요분의 20–30%만을 생산하고 있다.

반면 우리에게는 광물자원의 부가가치를 높이는 친환경 제련 및 소재화 기술이 있다. 북한의 광물이 최첨단 소재에 쓰이기까지 남북이 장점을 합치면 새롭게 쏟아져 나올 지식재산이 많을 것이다. 이에 남북광물자원연구센터를 만들어 R&D부터 시작해 공동 운영하자는 상생안이 제시되기도 한다.

4. "미래를 사랑하라"는 북한의 변화
마침내 〈지적소유권국〉을 설치하다

"미래를 사랑하라"라는 구호가 평양 거리에서 눈길을 끈다고 한다. 김정은 시대의 북한은 달라지고 있다. 실용주의 경제 전략을 세우고 국산화 정책을 실행하고 있으며 과학기술 및 인력양성을 전면에 부각시키고 있다. 일부 제조업의 생산 역량이 회복되고 있고, 시장을 용인하고 있으며, 국영기업의 시장경제 활동을 공식적으로 법제화했다. 제재의 큰 가림막 뒤에선 본격적인 경제협력의 시대가 성큼 다가와 있는 것이다.

본격적인 경제협력이 되기 전, 우리는 지식재산권 협력을 준비해야 한다. 아직 남북간에 산업재산권 거래는 없다. 저작권 교류는 늘고 있지만 어려움이 많다.

사실 남북한은 이미 지식재산권 보호를 합의한 바 있다. 1991년 12월 13일 〈남북기본합의서〉(남북 사이의 화해와 불가침 및 교류협력에 관한 합의서)에서 서로 특허권, 상표권 등의 보호를 위한 조치를 취하기로 했다. 2000년 6월 15일에는 남북공동선언과 함께 '저작권, 상표권, 특허권, 의장권, 기술비결을 비롯한 지적재산권과 이와 유사한 권리'를 '투자자산'으로 보고, 이를 보호하기로 했다.

그리고 마침내 2019년, 북한은 처음으로 '지식경제'를 강조하며 '지적소유권국'을 설치했다. 김정은 위원장도 직접 국제상표와 국제표준 획득의 중요성을 강조했다. 2018년 노동신문은 연이어 지적소유권 보호 제도를 강조하며 지적재산권의 법적 완비를 주장했다. 남북지식재산 교류를 위한 북한의 인식과 토대가 넓어지고 있다.

평양시내

5. 북한의 지식재산권은 어디쯤 와 있을까

북한의 지식재산권은 우리와 크게 다르지 않다. 크게 공업소유권(우리의 산업재산권)과 저작권으로 나뉘어 있고, 평양에 12곳의 '특허상표대리소'가 있다. 1986년부터 주민들에게도 특허권을 허용하고 있지만 실제 그 실효성은 거의 없다.

북한은 남한 사람의 특허 · 상표 등록을 인정하지 않는다. 우리가 북한에 특허출원을 하려면 제3국 대리인을 통해야 한다. 일본사람의 특허출원은 받아주지 않는다. 외국인의 특허출원 자체가 아주 적어서 2001년-2007년 192건이었다. 북한은 남한보다 적극적으로 국제조약에 가입해 왔지만 관련 자료는 거의 공개되지 않아 어떠한 특허들이 등록되어 있는지는 알 수가 없다.

상표권

현재 남북관계에서 중요한 것은 상표권과 저작권이다. 북한은 자국에 우호적이지 않은 나라의 상표권 등록은 대부분 거절한다. 우리 기업의 경우, 신세계, 오리온, 농심 등이 제3국을 통해 북한에 상표를 등록했다.

문제는 중국 등 제 3세계의 상표 브로커들이 우리의 상표를 악의적으로 북한에서 출원 · 등록하는 일이다. 북한에 선출원 된 것이 없다면 남한의 상표권을 북한에 등록할 수 있기 때문이다. 북한내 중국의 상표권 선점이 늘고 있다는데, 그 정확한 실태는 파악되지 않고 있다. 상표제도가 하나로 통합되기 전이라도 제3자의 선점 방지를 위한 조치가 절실하다.

저작권

북한의 저작권은 우리와 차이가 크다. 북한은 자신들의 이념과 체제에 부합하지 않는 내용은 저작권으로 보호하지 않는다. 개인에게 저작권이 있더라도 출판, 발행, 공연, 방송, 상영, 전시 권리는 국가가 갖는다. 저작물을 저작권자의 허가를 받지 않고 이용할 수 있다.

1990년대 남북 교류가 성과를 거두면서 저작권 교류도 활발했다. 북한 작품을 남한에서 전시 방영하거나 북한 영상물과 출판물을 들여오는 일도 적지 않았다. 공연, 체육행사, 다큐 및 애니메이션 공동제작, 게임소프트웨어도 공동 개발했다.

하지만 수시로 문제가 생겼다. 북한 권리자와 직접 계약할 수 없기 때문이다. 제3국과 남한 측 중개인을 모두 거치고 나서야 사용자와 계약하기 때문에 계약서 위조

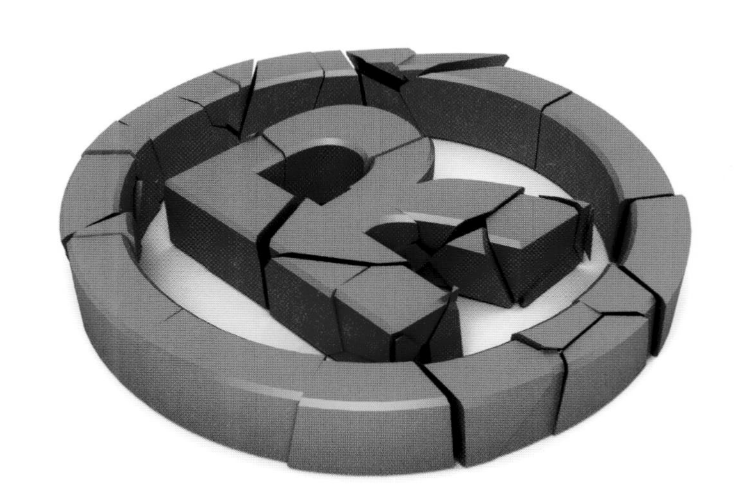

등의 문제가 생긴 것이다. 현재로선 누군가가 남한의 저작권을 북한에서 유통시키고 무단 사용해도 막을 방법이 없다.

북한 저작권사무국은 2006년 남한의 남북경제문화협력재단(경문협)에 사전협상을 대리할 수 있게 했다. 저작권료도 통일부의 승인을 받아 지급한다. 2006년부터 2017년까지 860건의 북한 저작물이 계약됐다.

북한은 남한 사람의 특허나
상표 등록을 인정하지 않는다.
개인에게 저작권과 특허권은 실효성이 거의 없다.
여러 국제조약에 가입해 있지만
지식재산 관련 자료는 거의 공개되지 않는다.
중국 브로커들의 상표권 선점이 심해진다는데,
그 실태 파악도 안되고 있다.

영화 '황진이'의 원작자는 벽초 홍명희. 그의 손자인 북한의 홍석중씨는 남측 출판사에 1억 5천만원의 손배소를 제기했고 1만 달러에 합의가 이뤄져 영화화가 가능했다. 홍명희의 '임꺽정'을 출판했던 남측 출판사도 뒤늦게 홍석중씨에게 저작권료 15만 달러를 지급했다.

6. 남북 지식재산 교류, 민간에서 물꼬를 트자

북한과의 합작작품 '뽀로로'

70년 동안 남과 북의 격차는 너무 커졌다. 경제력도, 문화도, 언어 차이도 너무 크다.

그런 가운데서도 2000년대 초, 콘텐츠 합작으로 대박을 내기도 했다. 애니메이션 '뽀로로'였다. 그러니 포기할 일이 아니다. 애니메이션, 캐릭터, VR, 게임 등 북한과 공동제작하고, 이를 통해 인적 교류를 넓히며 문화적 기술적으로 새로운 지식재산을 창출해 갈 날이 멀지 않았다.

이를 위해서 무엇보다 필요한 것이 당장의 저작권 문제 등 지식재산권 전반을 협의할 수 있는 남북간 협의체다. 남북지재통합법과 남북지재공동기구 설립을 목표로, 지식재산권에 대한 정보를 나누고 상호 인정을 넓혀가는 것이다. 동서독처럼 특별협정을 통해 제도적으로 지식재산권을 교류해 갈 수도 있다.

그 바탕이 되는 것이 민간교류일 것이다. 한편에서는 특허 관련 전문가와 경제 전문가들의 이론적 법적 토대를 구축하고 다른 한편으로 민간에서 공동학술행사 등 교류를 활성화 하는 것이다. 예컨대 평양과기대나 김책공대와 카이스트가 지식재산 공동세미나를 개최한다거나, 여러 나라와 함께 지식재산포럼을 정례화하는 방안도 가능할 것이다. 그 외 남북한 및 아시아의 지식재산 협력 이슈 개발, 경협과 지식재산의 연계 방안도 모색해야 한다. 어떻게 해서든 연결 라인을 만들자.

제3차 북미 정상회담 등 남은 고비를 잘 넘기며 한반도 비핵화에 한발짝 다가간다면, 남북협력의 속도는 급진전 될 것이다. '무수한 행동들이 만들어내는 평화'–. 한반도 평화는 동아시아의 평화이며, 동아시아 경제를 하나로 연결하는 시작이다. 그것을 만들어내는 '무수한 행동' 가운데 현실 가능성이 높은 것이 남북지식재산 협력이다. 지식재산 협력이 가져올 이득을 북측에 제시하고 그 추진 방안을 구체적으로 제시할 수 있도록, 시동을 걸자.

'무수한 행동들이 만들어내는 평화'
거기에 커다란 기여를 해낼 것이
남북한 지식재산 협력이다.

길은 정해져 있다. 속도가 문제다.
남북 지식재산 협력은 자강국가로 가는 길이다.
지금은 더디더라도,
더딘만큼 더 많은 협력을 준비해두자.
민간에서 더 많은 상상과 시도가 필요하다.

지식재산 허브로 가는 운전자, 인재와 거버넌스

스티브 잡스의 특허집착이 남긴 특허마인드

2006년 애플은 싱가포르의 크리에이티브사에 1억 달러의 특허침해 배상금을 물어야 했다. 이후 특허를 대하는 스티브 잡스의 관점은 완전히 달라졌다. 그는 특허등록이 안되는 광범위하고 모호한 내용들도 출원시키게 했고, 직원들의 아이디어들도 웬만하면 특허출원 시켰다. 2년간 특허소송에만 200억 달러나 썼다. 화성에 탐사로봇 8차례를 보낼 수 있는 액수를 날린다며 많은 비난이 쏟아졌다.

애플의 맹목적이다시피 한 특허출원과 소송은 IT업계를 특허 경쟁으로 몰아가며 폐해를 남겼지만, 업계에는 특허마인드를 강화시키는 계기가 되었다.

"
지식재산 허브로 가는 길은
누가 안내하고 이끌어갈 것인가.
우리는 지식재산 전쟁을 준비하고 대응할
인재와 조직을 갖추고 있는가.
"

특허마인드와 고급 일자리

스티브 잡스의 특허집착 이후 애플사 내부의 변화를 상상해 보자. 제품 개발 단계부터 어떤 기술이 특허가 될지 전문가들이 배치되어 탐색했을 것이다. 그렇게 탐색된 내용을 특허로 출원하는 인력도 늘었을 것이다. 특허를 사고 파는 인력도 늘었을 것이다. 소송이 늘었으니 소송 담당 인력도 늘었을 것이다. 실제로 애플은 10년간 4천100건의 특허를 축적했고, 이를 경쟁사들에게 겨냥했다. -애플 특허정책의 균형감은 논의로 치더라도- 특허를 강화한다는 것은 특허를 다루는 고급 일자리를 늘리는 일이 된다.

창출 인력, 활용과 서비스 인력, 분쟁해결 인력, 그 모든 인력들을 가르칠 인력-.

특허는 창출 부문에만도 과학기술자 외에 특허전담 인력이 필요하다. 새로운 지식재산 인재들은 과학기술만이 아니라 특허를 알아야 하고, 법률도 함께 알아야 한다. 디자인과 브랜드 같은 마케팅도 알아야 한다. 소비자의 수요가 새로운 제품을 만들게 하고 특허의 방향을 결정짓기 때문이다. 영업비밀 같은 비공개정보의 유출에 대응하는 인력도 필요하다.

미국은 이미 2011년부터 저소득층 지역발명가와 법률가를 매칭해 특허 출원과 등록을 지원하는 특허프로보노 프로그램으로 미국 내 20개의 특허허브를 갖추는데 성공한 바 있다.

기술의 융합으로 지식재산의 권리관계는 더 복잡해지고 있다. 다뤄야 할 문제도 점점 더 다양해진다. 활용 부문 또한 더 많은 특허서비스 업무가 요구되고 있다. 거기에 결정적인 역할을 하는 것이 인재이며 인재의 역량이다. 인재가 가진 "역량"에 따라 새로운 지식재산이 태어나고 사장된다. 저마다 특허마인드로 무장되어야 하는 오늘, 우리는 누가 그 많은 인재를 키워낼 것인가.

지식재산 일자리의 묘한 함수 : 지식재산 인재가 일자리를 더 늘린다

한 사람의 인재가 더 많은 연결을 통해 더 많은 지식재산으로 이어지고 있다. 지식재산 거래에 뛰어난 인재라면 더 많은 거래를 성사시킬 것이고 이는 또다른 산업으로 연결되어 갈 것이다. 인재가 일자리와 산업을 만들어 가는 것이다.

일본과 중국은 유독 지식재산 인재 양성에 많은 힘을 쏟고 있다. 일본은 국제적으로 싸울 수 있는 지식재산 인력, 그리고 중소기업과 지역에서 활동할 인재 양성에 주력한다.

중국은 초등학교 교실에 아예 특허 도면을 붙여놓고 아이들이 지식재산과 친해지는 환경을 만들고 있다. 이미 2010년까지 백천만(百千萬) 지식재산권 인재양성을 목표로 시행한 바 있다. 수백(百)명의 고등인력, 수천(千)명의 전문인력, 수만(萬)명의 전문기능인력을 양성한다는 것이었다. 지금은 '지식재산 천인계획'으로 공격적인 인재 유입정책을 쓰고 있어 우리의 인재 유출도 심히 우려되고 있다. 7300여 개의 중국 기업을 조사한 결과 특허전담부서를 둔 기업이 54.6%나 되었다.

그러나 우리나라 중소기업은 특허전담 부서는 물론 전담인력이 한 명도 없는 기업이 더 많다. 전담인력이 있어도 분쟁 경험이 없는 경우가 대부분이다. 분쟁 대비 교육을 받을 기회도 거의 없다. 스타트업의 경우는 더 취약하다. 우리의 절박한 일자리 정책에 당장 적용되어야 할 부분이 지식재산 일자리를 채워갈 고급 인력양성이다.

인식을 바꿔야 인재가 나온다 가르쳐야 인식이 바뀐다

특허로 글로벌 시장을 개척할 인재, 아시아 특허청에서 일할 인재, 아시아 특허법원에서 일할 인재.. 지식재산으로 재편되고 있는 세상에서 앞으로 지식재산 인재가 쓰일 곳은 너무도 많다.

어떻게 지식재산 전문 인력을 키워낼 것인가. 무엇보다 먼저, 보이지 않는 지식재산에 대한 전국민의 인식이 바뀌어야 한다. 그러자면 중국처럼 어린 나이부터 지식재산을 가르치자. 기업인은 물론 공무원, 은행원들에게까지, 직종을 가리지 말고 지식재산의 기초를 가르치자. 그래야 제도가 바뀌고 무형자산을 가치있게 평가할 것이다. 한국인도 가르쳐야 하지만, 그 노하우를 저개발국가에도 전하며 글로벌 리더십을 키워가야 한다.

현재 일부 대학과 대학원의 지식재산 강좌가 늘고 있

다지만, 교육 내용과 강사진이 너무도 부족하다는 지적이다. 교육방법도 보다 현장과 접목 되도록 해야 한다. 인식을 바꿔야 인재가 나온다, 가르쳐야 인식이 바뀐다.

콘트롤타워가 필요하다 '지식재산 거버넌스'를 강화하자

미국은 2008년부터 대통령 직속 지식재산집행조정관이 지식재산 정책을 총괄한다. 일본은 총리 직속의 지적재산전략본부가 모든 관련 업무를 총괄하고 총리가 본부장을 맡는다. 그들이 지식재산을 어디에 자리해두고 있는지 가늠 되는 단면이다.

우리는 지식재산을 국가 미래 전략의 어디쯤에 두고 있을까.

국가의 지식재산 정책 전반을 콘트롤 해야 하는 우리의 '국가지식재산위원회'는 대통령 소속 기관이긴 하지만 실제 과학기술정보통신부 관할이다. 개별 부처 소속이라 위상이 낮고 권한도 부족하다. 여러 부처에 흩어져 있는 지식재산 정책을 총괄하고 조정하는 역할을 해내지 못하고 있다.

현재 특허와 상표, 디자인 등은 '특허청', 저작권과 콘텐츠는 '문화체육관광부', 식물신품종 등은 '농림축산식

지식재산 업무가 너무 여러 조직에 분산돼 있다.
업무가 중복되고 효율성과 책임감이 떨어진다.

권한과 위상을 높인 국가지식재산위원회,
특허청을 확대 개편한 지식재산처,
청와대 지식재산정책비서관 신설 등을 통해
혁신적이고 힘있는 <지식재산 거버넌스>를 구축해야 한다.

품부'가 맡고 있다. 또한 지식재산권을 보호하고 집행하는 일은 3개 부처, 외교부와 공정거래위원회와 법무부로 나뉘어 있어 업무의 중복이 적지 않다. 이 모든 업무를 효율적으로 집중하고, 4차 산업혁명의 변화도 수용하는 지식재산 거버넌스가 필요하다.

국가지식재산위원회는 지식재산 '정책'을 강력하게 총괄하는 콘트롤 타워가 되어야 한다. 또한 특허청 조직을 '지식재산처'로 확대해 산업재산권과 저작권을 하나의 행정체계로 묶어야 한다. 청와대에 지식재산정책비서관 신설도 필요하다. 다만 저작권의 경우, 특허청 관할로 이관되었을 때 문체부의 다른 문화 사업들과의 연관성이 단절되는 문제도 있는만큼 충분한 논의가 필요하다. 중국이나 미국도 저작권 업무는 산업재산권과 분리되어 있다.

아시아 최초의 지식재산권 <국제재판부> 글로벌 법정지의 싹을 틔우다

2018년 6월, 우리는 아시아 최초로 지식재산권 국제재판부를 설치했다. 외국어로 증언과 변론을 하고 관련 서류와 증거도 영어로 제출할 수 있게 해 글로벌 분쟁해결지의 기초 채비를 마련한 것이다.

언어 장벽 없는 빠른 재판, 저렴한 비용, 뛰어난 사법서비스

우리나라 사법부의 인프라와 서비스는 세계은행(WB) 등에서 그 세계적인 수준을 인정받고 있다. 더욱이 지식재산 관할집중으로 전문성을 높이게 되었고, 약점이던 특허침해 손해배상도 강화하고 있다. 이제 국제재판부로 언어의 장벽도 해소되고 위상도 높아졌다. 우리의 장점인 빠른 재판, 저렴한 소송비용, 우수한 사법서비스 등이 국제적으로 부각될 수 있게 되었다.

지식재산권 국제재판부의 의미는 기술혁신의 속도와 함께 더욱 중요해진다. 기술혁신과 사회의 변화는 너무도 빨라지고 있다. 관련 분쟁은 늘어날 수밖에 없다. 하지만 법은 그 속도를 따라가지 못한다. 법원의 탄력적인 법해석에 상대적으로 기댈 수밖에 없게 되었고, 속속 새로운 쟁점에 대한 새로운 판례들이 태어나 다른 나라들로 파급되고 있다. 다른 나라에 영향을 미치는 판결을 내린 국가가 국제적인 사법리더십을 갖는다. 우리의 국제재판부는 선도적인 판결로 분쟁해결의 허브로 발전해가려 한다.

다른 나라에 영향을 미치는 국제적 판결 아시아지식재산법원을 향한 의미있는 기대

우리의 국제재판부를 아시아지식재산법원으로 잘 발전시켜 나가자는 기대도 커가고 있다. IP5 강국인 한국, 중국, 일본은 특허제도 개선 방향도 비슷하고 통합에 유리한 조건들도 이미 많이 갖추고 있다. 초창기라 아직 사건 건수가 적지만, 의미있는 싹을 틔운 대한민국의 국제재판부를 대외적으로 널리 알려야 한다. 남북협력으로 한반도의 위상이 높아지면 우리 국제재판부의 위상 또한 보다 활기를 띠게 될 것이다.

국제재판부는 2020년 2월 현재 특허심판원 심결 취소사건과 민사 분쟁 국제사건, 2건의 판결을 마쳤다.

EPILOGUE

"대한민국의 불가사의는 더 이상 불가사의하지 않다"

고종에게 올린 지석영의 상소
"특허전매권으로 과학기술을 발전시켜야 합니다"

지석영 선생

1882년 임오군란이 벌어지고 석달 뒤, 고종은 혼란 속에서 이전에 없던 새로운 상소를 받아든다. 새로운 기관을 설치해 특허권을 실행하자는 상소였다. '유능한 젊은이를 선발해 과학기술 교육을 받게 하고 새로운 기계를 만들거나 발명한 사람에게 전매 특허권을 줘 과학기술을 발전시켜야 한다'는 내용이었다.

상소를 올린 이는 종두법으로 유명한 지석영 선생. 선생에게 특허제도는 열강들에 시달리는 약소국의 운명을 헤쳐나갈 부국강병의 무기였다. 고종은 기뻐하며 '그렇게 되도록 조치하라' 했다. 그러나 이는 구체화되지 못했다. 제대로 시행됐다면 우리의 특허제도는 일본보다 4년 앞서는 셈이었다.

독립운동 자금이 된 우리나라 특허 1호

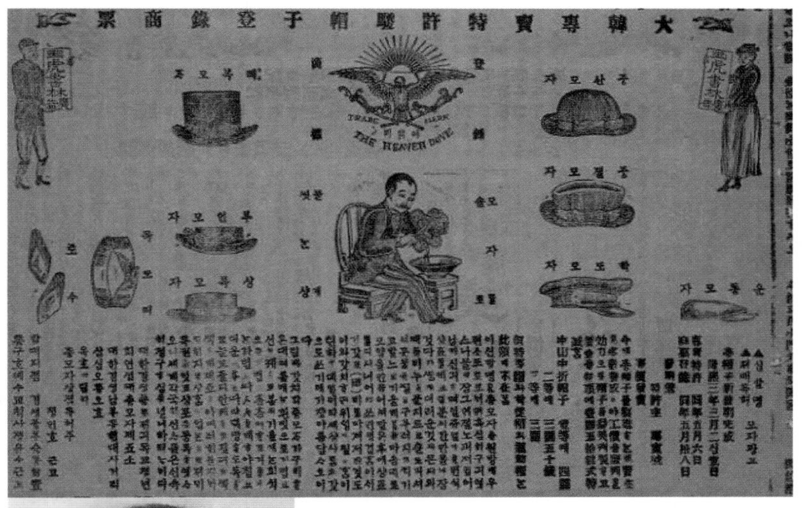
大韓專賣特許驗帽子登錄商票

TRADE MARK

THE HEAVEN DOVE

중산모자

중절모자

학도모자

운동모자

부인모자

상등모자

1909년 말총모자로 통감부 특허국에 특허를 등록한 '한국인 1호 특허권자', 독립운동가 정인호 선생

우리나라 최초의 특허는 1909년 고급 '말총모자' 특허였다. 수익은 모두 독립운동 자금이 되었다. 정인호 선생은 민족교육을 하다 중국으로 망명하게 되었고, 당시 외국인들이 모두 천으로 된 중절모를 쓰고 다니는 것을 보고는 제주도 말총으로 고급 중절모를 만들었다. 조선의 갓을 만들던 견고한 말총으로 만든 모자는 비단옷보다 값이 나갔고, 중국에서 큰 인기를 끌며 미국과 일본에도 수출됐다.

정인호 선생은 미국에서 판 말총모자 수익은 모두 미국내 조선독립운동에 쓰도록 했다. 말총핸드백, 말총담배갑, 말총토시 특허도 냈다. 1910년 이후에는 선생이 직접 '대한독립구국단'을 조직하고 단장을 맡아 상해 임시정부로 군자금을 보냈다. 특허 또한 우리의 근대사와 험난한 굴곡을 함께한 것이다.

굴곡진 근현대사와 특허의 길
그 불가사의한 성장의 기록

대한민국도, 특허 1호도 참으로 큰 위기 속에서 탄생했다. 그러나 특허도 대한민국도… 불가사의하리만치 놀라운 성장을 이루어냈다.

우리는 이미 한 해 20만 건의 특허를 출원하는 세계 4위의 지식재산 강국이다. 블룸버그 통신이 매년 발표하는 '블룸버그 혁신지수'에서 한국은 2014년부터 6년 연속 1위를 차지하고 있다. 세계에서 가장 혁신이 뛰어난 나라라는 공증인 셈이다.

세계경제포럼(WEF)은 우리나라의 국가경쟁력을 141개국 가운데 13위로 평가했다. 2017년부터 해마다 2단계씩 높아지고 있다. 2018년 말 우리는 인구 5천만 명이 넘고 1인당 국민소득 3만 달러를 넘어서 '30-50 클럽'의 7번째 나라가 됐다. 식민지였던 나라 가운데 유일한 멤버로서, 아세안의 도움을 받아야 했던 최빈국의 불가사의한 성장이다.

혁신 역량은 높고 특허활동 순위는 낮다
우리는 스스로를 어떻게 평가해야 하나

경제가 어려운데 국가경쟁력은 높은 점수를 받고 있다며 한국경제의 착시현상을 걷어내야 한다는 질책도 있다. 사실 우리 산업은 강점과 약점이 분명하다. 6년째 우리를 혁신성 세계 1위로 꼽은 블룸버그도 2019년 우리의 '특허 활동'은 20위로 평가했다. 혁신지수는 높은데 특허활동은 상대적으로 저조한 아이러니한 상태다. 세계은행의 창업여건 평가에서도 한국은 2018년 11위에서 2019년 33위로 크게 떨어졌다. 특히나 눈여겨 볼 것은 세계지식재산권기구가 발표한 2018년 글로벌혁신지수다. 한국은 종합지수 11위이지만 규제환경은 45위. 혁신의 발목을 잡고 있는 규제환경만 달라져도 변화는 놀라울 것이다.

불가사의란 10^{64},
대한민국의 성장은
더 이상 불가사의 하지 않다

우리가 메모리 반도체에 도전한 것이 1980년대 초. 우리에겐 돈도 기술도, 인재도 시장도 없던 때였다. 그러나 1990년대 말이 되자 우리는 세계 1등을 차지했다. 그리고 20년 넘게 1등을 지켜내고 있다. 반도체뿐인가, 한국경제가 달성한 수많은 기록들은 기적, 불가사의와 같은 일상적이지 않은 용어로 수식되고 있다.

불가사의란 10의 64승을 일컫는 숫자다. 그러나 알 수 없는 경지의 그 숫자를 채워낸 것은 무엇인지… 이제 우리는 서서히 깨달아가고 있다. 대한민국 성장의 비결은 많이 배우고 빠르게 배우며 한순간도 쉬지 않고 변화하는 우리의 인적자원 속에 있었다. 인적자원의 성실성과 창의성에 있었다. 리더가 부족해도, 정치가 혼란스러워도, 강대국 사이에 끼여 분단과 이념갈등에 많은 것을 소모하면서도 우리에게는 그 어떤 나라와도 비교할 수 없는 놀라운 국민들이 있었다.

앞으로 남북한 7천 700만명이 함께 만들어낼 역동성은 또 얼마나 놀라울 것인가. 그 때를 위해 아세안과 손 잡고 경제적 외교적 우군을 만들어가야 한다. 중국과 일본에, 그리고 아세안에 지식재산 협력의 메시지를 강하고 끈질기게 보내야 한다. 그것이 지식재산 허브로 가는 길이다. 불가사의를 달성한 우리에게 이제 제일 큰 자산은 '자신감'이다.

많이 배우고 빠르게 배우며
한순간도 쉬지 않고 변화하는 놀라운 인적자원의 나라.
이미 불가사의를 달성한 우리에게
이제 제일 큰 자산은 '자신감'이어야 한다.

지식재산 전략은 지식재산이라는 세계 공통언어로
한국경제의 미래지도를 그려내는 일.
앞으로 남북한 7천 700만 명이 함께 만들어낼 역동성은
또 얼마나 놀라울 것인가.

대한민국 세계특허(IP)허브국가 추진위원회

공동대표
이광형 KAIST 교학부총장
이상민 국회의원(더불어민주당)
서병수 국회의원(미래통합당)

공동운영위원장
박범계 국회의원(더불어민주당)
이원욱 국회의원(더불어민주당)
하태경 국회의원(미래통합당)
신용현 국회의원(무소속)
이채익 국회의원(미래통합당)
이상지 전자정부교류연구센터장

운영위원
김광준 한국라이센싱협회장
김지수 특허청 융복합기술심사국장
문예원 한국방송작가협회 다큐멘터리 작가
목성호 특허청 국장(국립외교원 파견)
박성준 특허심판원장
박성필 KAIST 지식재산대학원 교수
박진하 KAIST AIP 운영위원
손승우 중앙대학교 교수
심재율 월간 작은기쁨 편집인
이규홍 특허법원 부장판사
이길섭 한국특허정보원 정보진흥본부장
이원복 이화여자대학교 법학전문대학원 교수
장현진 김앤장법률사무소 변호사
전종학 경은국제특허법률사무소 대표 변리사
정영길 원광대학교 교수
주상돈 IP타깃 대표
최철안 중소기업기술정보진흥원장
한상욱 한국지재변호사협회 고문

대한민국 세계특허(IP)허브국가 추진위원

(1) 고문
정갑윤 전 국회의원
원혜영 전 국회의원

(2) 20대 국회의원(56인)
강창일 권미혁 김경진 김경협 김광림 김규환 김동철 김민기 김병관 김선동 김성원 김세연 김순례 김종석 김태년 박경미 박광온 박대출 박범계 박선숙 백승주 백재현 변재일 서영교 소병훈 송희경 신동근 신상진 신용현 심재권 심재철 어기구 원유철 원혜영 유동수 유의동 윤종필 이만희 이상민 이원욱 이종명 이채익 이춘석 이태규 인재근 장병완 전희경 정갑윤 조승래 조정식 주승용 지상욱 진영 표창원 하태경 홍의락

(3) 법원/정부/민간위원 (73인)
강명구 강상욱 강인규 강정화 강희철 고기석 고승현 권지나 김광준 김길해 김용민 김운기 김윤석 김주연 김중헌 김철호 김충선 김혜경 남석희 남양우 노광태 도현석 류혜미 문예원 박성준 박세준 박정철 박진하 박창수 박해준 방효정 배기정 배희정 백강진 서민 설기석 손한수 심재율 엄명용 오성환 오예진 우승호 우희창 유도현 윤영진 윤정근 윤호재 이광섭 이광형 이규홍 이기태 이길섭 이상지 이원복 이재영 이주연 이준석 이준형 임춘택 장완규 전종학 전경원 정영길 정차호 정채연 차성욱 최승일 최인한 한덕 한상욱 허성우 호효림 홍현정

우리는 지식재산 허브로 간다
아시아의 지식재산 리더를 꿈꾸다

초판 1쇄 발행 2020년 6월 8일
초판 2쇄 발행 2021년 7월 8일

기획	국회 세계특허(IP)허브국가 추진위원회 KAIST 문술미래전략대학원 미래전략연구센터
지은이	문예원
편집책임	문예원
표지	문명국
삽화	천명기
본문 디자인	서영석 · 문명국

펴낸곳	도서출판 동연
펴낸이	김영호
등록	제1-1383호(1992. 6. 12)
주소	서울시 마포구 월드컵로 163-3
전화	(02)335-2630
전송	(02)335-2640
이메일	yh4321@gmail.com
블로그	https://blog.naver.com/dong-yeon-press

ISBN 978-89-6447-581-2 03500

이 도서의 국립중앙도서관 출판예정도서목록(CIP)은
서지정보유통지원시스템 홈페이지(http://seoji.nl.go.kr)와
국가자료종합목록 구축시스템(http://kolis-net.nl.go.kr)에서
이용하실 수 있습니다. (CIP제어번호 : CIP2020021891)